George William Askinson

Die Fabrikation der ätherischen Öle

Salzwasser

George William Askinson

Die Fabrikation der ätherischen Öle

1. Auflage | ISBN: 978-3-84608-306-2

Erscheinungsort: Paderborn, Deutschland

Erscheinungsjahr: 2015

Salzwasser Verlag GmbH, Paderborn.

Nachdruck des Originals von 1876

George William Askinson

Die Fabrikation der ätherischen Öle

Salzwasser

Die

Fabrikation der ätherischen Oele.

Anleitung

zur Darstellung derselben nach den Methoden der Pressung, Destillation, Extraction, Deplacirung, Maceration und Absorption, nebst einer ausführlichen Beschreibung aller bekannten ätherischen Oele in Bezug auf ihre chemischen und physikalischen Eigenschaften und technische Verwendung, sowie der besten Verfahrungsarten zur Prüfung der ätherischen Oele auf ihre Reinheit.

Ein Handbuch für Fabrikanten ätherischer Oele, Apotheker, Liqueur- und Firniß-Fabrikanten, Kaufleute und Materialwaarenhändler.

Leichtfaßlich dargestellt

von

Dr. chem. George William Askinson,

Parfum-Fabrikant und Verfasser des Werkes: Die Parfumerie-Fabrikation.

Mit 24 Abbildungen.

Wien. Pest. Leipzig.
A. Hartleben's Verlag.
1876.

Druck von Friedrich Jasper in Wien.

Erster Theil.

I.

Einleitung.

In einer großen Reihe von Gewerben verwendet man
eine Anzahl von Körpern, welche theils flüssig, theils fest
sind, und unter dem Sammelnamen ätherische Oele bekannt
sind — nebenbei gesagt, eine Bezeichnung, die nicht leicht
unpassender gewählt werden könnte, da diese Verbindungen mit
den Oelen, das ist den flüssigen Fetten, geradezu gar nichts
gemein haben, und das Wort „ätherisch" längst nicht mehr
gleichbedeutend mit dem Begriffe „flüchtig" genommen
werden darf.

Es ist aber eine undankbare Aufgabe, die noch dazu
wenig Aussicht auf Erfolg bietet, wenn man es versucht,
einen falschen Sprachgebrauch richtig zu stellen, namentlich,
wenn man nicht in der Lage ist, den unrichtigen Ausdruck
durch einen passenden zu ersetzen, wie es im vorliegenden
Falle thatsächlich ist.

Es bleibt demnach nichts übrig, als dem Sprach=
gebrauche zu folgen und eine gewisse Gruppe von Körpern,
die durchwegs organischen Ursprungs sind, als ätherische
Oele zu benennen.

Die ätherischen Oele besitzen für eine sehr große Anzahl von Gewerben so bedeutende Wichtigkeit, daß diese Gewerbe ohne das Vorhandensein dieser Stoffe geradezu unmöglich wären. Die gesammte Liqueurfabrikation, die Parfumerie beruhen auf der zweckentsprechenden Verwendung der ätherischen Oele. Während diese Verbindungen die Basis der genannten Gewerbe bilden, sind sie für andere Gewerbe ebenfalls unentbehrlich, der Firniß- und Lackfabrikant, der Anstreicher kann ihrer nicht entrathen; in allen Zweigen der Industrie, in welchen es sich um Auflösung von Harzen, mitunter auch von Fetten handelt, spielen die ätherischen Oele eine gewisse Rolle und finden auch einige Verwendung in der Arzneikunde.

Die Kenntniß der ätherischen Oele muß schon eine sehr alte sein, denn gewisse ätherische Oele erscheinen ziemlich rein in der Natur und besitzen so hervorragende Eigenschaften, daß sie nothwendiger Weise die Aufmerksamkeit der Menschen auf sich ziehen mußten. Wir kennen z. B. keine Literatur, welche nicht der duftenden Blumen gedächte, und keine Culturnation, welche nicht duftende Blüthen lieben würde, und zwar wegen ihres Gehaltes an ätherischem Oel; die Blumendüfte werden durch ätherische Oele bedingt.

Selbst der Zeitpunkt, in welchem man die Kunst erfand, die ätherischen Oele ganz rein herzustellen, scheint uns ein sehr fern liegender zu sein, da er offenbar mit der Erfindung der Destillation zusammenfällt. Die Erfindung der Destillation wurde aber schon von den arabischen Alchymisten mindestens im achten Jahrhundert unserer Zeitrechnung gemacht.

Viel früher noch, als diesem westlichen Culturvolke war die Kunst, ätherische Oele darzustellen, den östlichen Culturvölkern bekannt. Wir erinnern hier nur daran, daß

z. B. die Chinesen, vielleicht jenes Volk, welches die längste
ununterbrochene Culturperiode aufzuweisen hat, den Kampher
(welcher zu den ätherischen Oelen gerechnet wird) seit undenk=
lichen Zeiten darstellen, daß wir in der Bibel unzweifelhafte
Andeutungen über die Verwendung gewisser Riechstoffe, wie
Narde u. s. w. finden, und daß die Rosencultur im Euphrat=
thale seit undenklichen Zeiten behufs der Herstellung von
Rosenöl betrieben wird.

Selbst im Mittelalter, einer Zeit, welche, wie bekannt,
für naturwissenschaftliche Forschungen keineswegs eine günstige
genannt werden kann, kannte man schon eine große Reihe
von ätherischen Oelen, die zu verschiedenen Zwecken benützt
wurden.

In neuester Zeit war es namentlich die Erschließung
tropischer und überseeischer Länder, welche uns fast von Jahr
zu Jahr mit neuen ätherischen Oelen bekannt machte. Daß
wir noch lange nicht am Ende dieser Reihe stehen, läßt sich
kühn behaupten; bis zur Stunde wissen wir so gut wie
nichts über das Centralland von Afrika, über Borneo,
selbst über längstbekannte Länder, wie Hinter=Indien, China
und Japan, sind selbst unsere geographischen Kenntnisse noch
sehr mangelhaft; ungleich unvollständiger aber noch die
der Naturproducte, welche sie enthalten. Wie manche Pflanze
mag es dort geben, die einen großen Reichthum an äthe=
rischen Oelen besitzen, deren Namen wir aber noch nicht
einmal kennen und die noch kein europäischer Botaniker
gesehen hat.

Selbst bei den europäischen Pflanzen wissen wir noch
nicht genau, welche ätherischen Oele sie enthalten. Es ist
nicht zu zweifeln, daß der Geruch von Pflanzen, sei derselbe
nun ein angenehmer oder unangenehmer, in den meisten
Fällen durch ein ätherisches Oel bedingt wird; bis zur

1*

Stunde ist aber das riechende Princip dieser Pflanzen noch nicht für sich dargestellt worden. Als Beleg für die Richtigkeit unseres Ausspruches wollen wir nur zwei unserer in Deutschland häufig vorkommenden Orchideen erwähnen: die Orchis pallens und die Platanthera viridis, welche beide durch einen berauschenden Wohlgeruch ausgezeichnet sind, der offenbar nur durch ein ätherisches Oel bedingt sein kann, das aber unseres Wissens zur Zeit noch von niemandem rein dargestellt wurde.

Die größten Fortschritte in der Kenntniß der ätherischen Oele, so wie überhaupt aller chemischen Producte, wurden erst in neuester Zeit gemacht und sind gleichlaufend mit der Entwickelung der chemischen Wissenschaft. Ein günstiger Zufall förderte die Erforschung der ätherischen Oele im hohen Grade — der, daß die Interessen der Industrie hier mit jenen der reinen Wissenschaft zusammenfallen und die Zwecke der einen, jenen der andern fördernd unter die Arme griffen.

Gerade dadurch, daß gewisse ätherische Oele zu den kostbarsten Luxusgegenständen gehören, welche die Fabrikanten von Wohlgerüchen zur Herstellung ihrer Waaren benöthigen, gab die Veranlassung, daß man auf Mittel und Wege sann, diese Oele rein darzustellen, um an dem reinen Producte seine Eigenschaften zu studiren. Wäre nicht dieser günstige Umstand, so würden wir gewiß noch über das Wesen vieler ätherischer Oele ganz im Unklaren sein, da nur wenig Chemikern die Mittel zu Gebote stehen dürften, sich das erforderliche Rohmaterial in genügender Menge zu verschaffen und daraus die Oele herzustellen; zudem da die Herstellungskosten mancher ätherischer Oele so hohe sind, daß der Werth des gewonnenen Oeles jenen einer gleichen

Gewichtsmenge von Gold, mitunter um ein mehrfaches übertrifft.

Die ätherischen Oele stammen ihrer weitaus größeren Zahl nach aus der Pflanzenwelt, nur wenige gehören dem Thierreiche an, dem Mineralreiche entstammt nur ein einziges. Die Zahl der ätherischen Oele wird noch durch gewisse chemische Producte vermehrt, welche nie in der Natur vorkommen, nur durch Eingreifen der menschlichen Thätigkeit erhalten werden können, sich ihrem Wesen nach nirgend andershin stellen lassen, als unter die ätherischen Oele.

II.

Die allgemeinen Eigenschaften der ätherischen Oele.

Die ätherischen Oele zeigen sowohl bezüglich ihrer physikalischen als chemischen Eigenschaften sehr große Verschiedenheiten, die mitunter so tief gehende sind, daß man nur durch ein sehr willkürliches Verfahren dieselben in eine Gruppe bringen kann.

Die Mehrzahl der ätherischen Oele ist flüssig und farblos, nur wenige derselben sind feste Körper. Wir finden jedoch auch in Bezug auf den Aggregatzustand alle nur denkbaren Verschiedenheiten; während manche ätherischen Oele sehr dünnflüssig sind, erscheinen andere als fester Körper von krystallinischem Gefüge und finden sich zwischen diesen beiden Extremen alle möglichen Zwischenglieder vor, es giebt z. B. ätherische Oele, welche von salbenartiger

Beschaffenheit sind, während sich andere in Bezug auf ihre Consistenz der Butter nähern.

Manche sogenannten ätherischen Oele sind gar keine eigentlichen chemischen Verbindungen, insoferne, als man unter chemischer Verbindung einen durchaus gleichartigen Körper versteht, sondern sie sind veränderliche Gemische, welche aus mindestens zwei von einander verschiedenen Körpern bestehen. Das Verhalten mancher ätherischen Oele bei Temperatur=Erniedrigung gestattet uns einen Einblick in dieses Verhältniß. Jene ätherischen Oele, welche wahrscheinlich nur aus e i n e r Verbindung bestehen, haben einen Siedepunkt, der fast immer gleich bleibt, während der Siedepunkt jener, welche aus einem Gemenge von Verbindungen bestehen, sehr bedeutenden Schwankungen unterliegt, welche wahrscheinlich von der größeren oder geringeren Menge der einen Verbindung abhängig sind.

Auf ähnliche Weise verhalten sich die ätherischen Oele bei Temperatur=Erniedrigung; jene, welche wir als einfache annehmen können, erstarren bei einem gewissen Temperaturgrade ihrer ganzen Masse nach, indeß diejenigen, welche aus einem Gemenge zweier Stoffe zu bestehen scheinen, bei einem gewissen Wärmegrade zum Theile erstarren, während ein anderer Theil hierbei flüssig bleibt und erst bei viel niedrigerer Temperatur fest wird.

Man benützt dieses Verhalten mancher ätherischer Oele sogar als ein Mittel, ihre Reinheit zu prüfen, und nennt den erstarrten Theil Stearopten (Talgkörper), während man den flüssig bleibenden als Elaeopten (Oelkörper) bezeichnet.

Die ätherischen Oele sind ohne Ausnahme in der Hitze flüchtig; obwohl ihre Siedepunkte im allgemeinen ziemlich hoch liegen, besitzen sie doch schon bei gewöhnlicher Temperatur die bemerkenswerthe Eigenschaft, stark zu verdunsten. Auf Papier oder ein Gewebe getropft, bringen die flüssigen ätherischen Oele durchscheinende Flecken hervor, welche denen gleichen, die durch ein flüssiges Fett (Oel) verursacht werden. Die Flecken, welche durch letztere hervor= gerufen werden, sind bekanntlich bleibend, da die Fette als solche nicht zu den flüchtigen Körpern gehören; die durch ätherische Oele verursachten Flecken verschwinden aber im Laufe der Zeit vollständig, indem die Oele verdampfen. Diese Eigenschaft ist es, welche den in Rede stehenden Ver= bindungen den unpassenden Namen ätherische Oele verschafft hat; ihrem Wesen nach haben sie mit den Oelen nichts weiter gemein, als die erwähnte Eigenschaft, die übrigens auch anderen Körpern zukommt.

Es scheint, daß alle ätherischen Oele im Zustande voll= kommener Reinheit farblos sind; wir kennen jedoch einige, welche ganz charakteristische Farben zeigen; so z. B. ist das Kamillenöl blau, das Wermuth= und das Rosenöl grün gefärbt. Bei einigen ätherischen Oelen, bei welchen man früher die Färbung als eine charakteristische Eigenschaft des betreffenden Oeles erklärte, ist es durch passende Behandlung gelungen, sie von dem färbenden Körper zu trennen, während man dies bei anderen noch nicht zu Stande gebracht hat. Selbst bei jenen Oelen, welche an und für sich unzweifelhaft farblos sind, hält es sehr schwer, sie absolut wasserhell zu erhalten; eine in's Gelbe neigende Färbung ist sehr schwer zu beseitigen.

Von anderen physikalischen Eigenschaften der ätherischen Oele, welche, wie wir später sehen werden, von großer Wichtigkeit sind, da sie die sichersten Anhaltspunkte zur Prüfung der Oele abgeben, wollen wir hier nur einige erwähnen. Alle ätherischen Oele sind brennbar, einmal angezündet verbrennen sie gewöhnlich mit heller und stark rußender Flamme.

Die Dichte der ätherischen Oele ist eine innerhalb sehr weiter Grenzen schwankende; während einige derselben nur eine Dichte besitzen, welche nur 750 Tausendstel von jener des Wassers (= 1000) beträgt, geht bei anderen die Dichte weit über die des Wassers hinaus und beträgt bis zu 1100 Tausendstel.

Bekanntlich zeigen die meisten Körper unter sonst gleichen Verhältnissen immer genau dieselben Dichten, die Schwankungen, welche man hierbei findet, sind so geringe, daß man sie mit Recht als aus Beobachtungsfehlern entspringend ansehen kann. Bei einem und demselben ätherischen Oele zeigen sich aber oft so bedeutende Unterschiede in der Dichte, daß wir dieselben als in der Beschaffenheit des Oeles selbst gelegen ansehen müssen. Es sind namentlich jene Oele, welche bei Temperatur=Erniedrigung sich in ein Stearopten und in ein Elaeopten trennen, bei welchen wir die größten Dichten=Unterschiede nachweisen können.

Diese Unterschiede werden wieder durch die wechselnden Mengen von Stearopten und Elaeopten bedingt; wenn wir das Stearopten von dem Elaeopten möglichst vollständig trennen, so zeigen beide Körper für sich ganz geringe Schwankungen in der Dichte.

Wir begegnen übrigens erheblichen Dichtenschwankungen bei solchen ätherischen Oelen, welche wir nicht als Gemenge anzusehen haben; wie wir aber sehen werden, gehören die ätherischen Oele zu den sehr veränderlichen Körpern, ein altes Oel hat in Folge dessen ganz andere Eigenschaften, als ein frisch dargestelltes. Wenn man daher die Dichte eines ätherischen Oeles genau ermitteln will, so bleibt nichts anderes über, als dasselbe unmittelbar nach seiner Darstellung

aus möglichst frischen Pflanzentheilen der Prüfung zu unter=
ziehen. Eine charakteristische Eigenschaft' der ätherischen Oele,
welche übrigens nur an den dünnflüssigen und durchsichtigen
derselben hervortritt, ist das Lichtbrechungsvermögen; wie
bei allen brennbaren Körpern ist dasselbe ein großes und
kann unter Umständen zur Prüfung auf die Echtheit des
Oeles verwendet werden.

Wir vermögen das Licht in einen gewissen Zustand
zu versetzen, den wir als Polarisirung des Lichtes bezeichnen.
Gewisse ätherische Oele zeigen dem polarisirten Lichte gegen=
über ein ganz bestimmtes, charakteristisches Verhalten, welches
als eines der sichersten Mittel zur Prüfung der Oele
dienen kann.

Das Vorkommen der ätherischen Oele ist, wie schon
angedeutet wurde, ein sehr mannigfaltiges, doch liefert die
Pflanzenwelt die weitaus größere Zahl von ätherischen
Oelen, während wir aus der Thierwelt nur wenige Körper
kennen, welche wahrscheinlich ätherische Oele enthalten, von
denen aber noch keines für sich allein dargestellt wurde.

Wir wollen hier nur jene Stoffe kurz berühren, welche
der Thierwelt entstammen und wahrscheinlicher Weise ihren
eigenthümlichen Geruch Körpern verdanken, welche zu den
ätherischen Oelen zu rechnen sind.

Wir glauben, daß die kurze Erwähnung der genannten
Stoffe in diesem Werke vollkommen gerechtfertigt ist, indem
fast jeder Industrielle, welcher mit ätherischen Oelen zu
thun hat, auch in die Lage kommt, sich dieser Stoffe zu
bedienen. Die in Rede stehenden Stoffe sind der Moschus,
die Ambra und das Zibeth.

Der Moschus, jener Stoff von dem bekannten unge=
mein durchdringenden Geruche stammt von dem Moschus=
thiere, welches auf den Hochgebirgen Asiens heimisch ist,

und besteht aus der Abscheidung einer Drüse, welche sich am Unterleibe des männlichen Thieres vorfindet. Gewöhnlich kommt der Moschus im Handel sammt dem Organe, in welchem er gebildet wird, den sogenannten Moschusbeuteln, vor. Wir können es nicht unterlassen, hier die gewiß schon von vielen unserer Leser auch gemachte Bemerkung nieder-zuschreiben, daß manche Wiederkäuer, namentlich Hirsche und noch mehr Rinder, zu gewissen Zeiten einen Geruch ver-breiten, der unzweifelhaft die größte Aehnlichkeit mit jenem des Moschus besitzt. Es ist gar nicht unwahrscheinlich, daß diese Thiere durch die Haut denselben flüchtigen Stoff aus-scheiden, der sich im Moschus im concentrirtesten Zustande vorfindet.

Diese Substanz scheint übrigens in der Thierwelt mehr verbreitet zu sein, als es den Anschein hat; das Fleisch der Krokodile soll z. B. für Europäer wegen seines durch-dringenden Moschusgeruches gänzlich ungenießbar sein.

Die Ambra ist ein Körper, dessen Natur bis zur Gegenwart noch so wenig erforscht ist, daß man eigentlich nicht genau weiß, woher er stammt, d. h. welche Rolle er im Körper des Potwales spielt, in welchem man die Ambra findet. Während die Absonderung des Moschus und auch jene des Zibethes höchst wahrscheinlich zu den Geschlechts-verhältnissen in inniger Beziehung steht, scheint dies beim Potwale nicht der Fall zu sein und erklären manche die Ambra für eine krankhafte Ausscheidung des Körpers. Die Ambra bildet graufärbige Knollen, welche man im Leibe des Potwales, aber auch freischwimmend im Meere antrifft und verbreitet einen Geruch, der an Intensität und Dauer-haftigkeit jenem des Moschus nur wenig nachsteht. Das Zibeth, welches ähnlich wie der Moschus aus Drüsen ab-geschieden wird, stammt von mehreren Thierarten aus der

Familie der Viverren. Es ist eine der Butter ähnliche Masse, die an der Luft dunkelfarbig wird und sehr kräftigen Geruch besitzt.

Das sogenannte Bibergeil oder Castoreum, sowie das Hyraceum (letzteres stammt von dem Klippdachse, ersteres von dem gemeinen Biber) sind zwei Substanzen, welche auch ihres Geruches wegen Verwendung finden.

Das ätherische Oel, welches dem Mineralreiche angehört, ist das sogenannte Erdöl, Steinöl, Naphta oder Petroleum. Es findet sich in der Natur in riesigen Massen, besonders in nicht zu großer Entfernung von Steinkohlenlagern vor, und wird allgemein als Beleuchtungsmittel angewendet, oder zur Auflösung gewisser Stoffe benützt.

Wie aus den vorstehenden kurzen Daten zu entnehmen, ist es eigentlich die Pflanzenwelt, welche fast alle ätherischen Oele producirt. Es ist beinahe unmöglich, die Pflanzen anzugeben, in welchen ätherische Oele vorkommen; viel leichter wäre es, jene zu nennen, in denen sich ätherische Oele nicht vorfinden. Wie wir schon oben erwähnten, haben wir allen Grund anzunehmen, daß der Wohlgeruch, unter Umständen auch der Gestank, den manche Pflanzen von sich geben (ein Repräsentant der letzteren ist z. B. das gemeine schwarze Bilsenkraut), in allen Fällen durch ein ätherisches Oel bedingt wird.

Die Düfte, welche die bei uns heimischen Pflanzen aushauchen, sind noch wenig untersucht und harren noch ebenso gut des Forschers, wie die herrlichen Wohlgerüche, die von vielen tropischen Pflanzen ausgehaucht werden; zu den letzteren gehören z. B. ganz besonders die Aroideen und Orchideen-Arten.

Wenn wir jene Pflanzenfamilien besonders hervorheben wollen, welche eine ganz besonders große Menge von

ätherischem Oele enthalten, so müssen wir die Coniferen oder
Zapfenbäume, zu denen die Föhre, Lerche, Tanne, der Wach=
holder u. s. w. gehört, unter den europäischen Pflanzen in
erster Reihe erwähnen. Diesen zunächst in Bezug auf Oel=
reichthum stehen die lippenblüthigen Gewächse oder Labiateen
(Lavendel, Salbei, Thymian) und die Doldenpflanzen oder
Umbelliferen (Kümmel, Anis, Coriander). Die Zwiebel=
gewächse liefern ebenfalls viele Vertreter, welche ätherische
Oele enthalten; wir erinnern nur an die Hyacinthen, an
den Knoblauch, die gemeine Zwiebel u. a. m. Andere
Pflanzengattungen, wie der Diptam, gewisse Primelarten
und andere zeichnen sich ebenfalls durch einen Gehalt an
ätherischen Oelen aus.

So reich auch gewisse europäische Gewächse an äthe=
rischen Oelen sein mögen, so sind sie daran arm, wenn man
sie mit gewissen Pflanzen vergleicht, welche der Tropenwelt
entstammen; als Beispiele erwähnen wir hier nur die frischen
Muscatnüsse und die eigenthümliche Umhüllung derselben
den sogenannten Macis und die Gewürznelken, welche
Pflanzentheile selbst in Europa, nachdem sie eine mehr=
monatliche Seereise durchgemacht haben, noch so reich an
ätherischem Oele anlangen, daß letzteres durch den bloßen
Druck der Finger ausgepreßt werden kann.

Es sei hier aber auf einen Umstand ganz besonders
aufmerksam gemacht, der oft die Veranlassung zu einer
ganz falschen Anschauung gegeben hat. Im allgemeinen
wird jene Pflanze für reicher an ätherischem Oele gehalten,
welche einen stärkeren Duft besitzt. Wenn dies richtig wäre,
so müßten z. B. die Hyacinthen mehr ätherisches Oel ent=
halten, als unsere Nadelhölzer, während sie in Wirklichkeit
so wenig davon besitzen, daß die Abscheidung des Oeles
ungemein schwierig ist. Es ist nicht die Menge des ätherischen

Oeles, welche die Stärke des Geruches bedingt; es ist viel=
mehr ganz entschieden die Qualität desselben, der man
die Stärke des Geruches zuschreiben muß; eine Pflanze
kann sehr schwach riechen und doch sehr viel ätherisches Oel
enthalten.

Es giebt keinen Pflanzentheil, in welchem nicht äthe=
rische Oele angetroffen würden, wir finden bei den ver=
schiedenen Pflanzenarten ätherisches Oel in jedem Pflanzen=
theile, von der Wurzel bis zur Frucht, wie z. B. bei den
eigentlichen Coniferen; wir finden aber auch häufig, daß
bestimmte Theile der Pflanze die Speicher sind, in welchen
die ätherischen Oele angehäuft werden.

Bei sehr vielen blühenden Pflanzen finden wir die
ätherischen Oele ausschließlich in den Blüthen, wie z. B.
in den Rosen, den Veilchen, Maiglöckchen und vielen anderen;
nur die Blüthe duftet, alle anderen Theile der Pflanze sind
geruchlos. In vielen Pflanzen gelangt das ätherische Oel
erst in der Frucht zur Ausbildung, wie z. B. in den
Muscatnüssen, während es in anderen am reichlichsten in
den unentwickelten Knospen angetroffen wird (Gewürznelken).

In manchen Laurineen, deren Blüthen und Früchte
zwar auch ätherische Oele enthalten, findet sich die weitaus
größte Menge des Oeles in der Rinde vor, wie dies z. B.
beim Zimmtlorbeer der Fall ist.

In wohlriechenden Früchten kommen ätherische Oele
häufig nur in der äußeren Umhüllung, in der Schale der
Frucht vor, wie in den Orangen und Citronen, deren
Schalen sehr reich an ätherischem Oele sind, während das
Fruchtfleisch keine Spur davon enthält. Auch manche Aepfel
enthalten in ihren Schalen ein ätherisches Oel, während das
Fruchtfleisch geruchlos ist. Nicht selten sind es auch die
Wurzelstöcke, welche als die eigentlichen Behälter der ätherischen

Oele angesehen werden müssen; der gemeine Calmus,
die florentinische Schwertlilie und andere Pflanzen haben
Wurzeln, welche sehr reich an ätherischen Oelen sind, während
die Pflanze selbst nur Spuren enthält, welche durch den
Geruch gar nicht wahrnehmbar sind.

Bei manchen Pflanzen sind es eigenthümliche drüsen-
artige Organe, welche in reichlicher Menge ätherisches Oel
enthalten. Wir nennen hier nur die bekannte schöne Kalk-
alpen-Pflanze Süddeutschlands, den weißwurzeligen Diptam,
dessen Stängel mit Oeldrüsen ganz besetzt ist und einen
angenehmen, dem der Citronen ähnlichen Geruch verbreitet.
Nach einer Sage soll der Reichthum dieser Pflanze an
ätherischem Oel so groß sein, daß in heißen Sommernächten
der Dampf des Oeles brennend wird, wenn man der Pflanze
ein brennendes Licht nähert. Uns ist dieser Versuch nie
gelungen.

Oft sind es nur gewisse Theile der Früchte, welche
ätherisches Oel enthalten; in den, Tannenzapfen ähnlichen
Früchten des Hopfens findet sich z. B. ein feiner pulver-
förmiger Körper, das sogenannte Hopfenmehl vor, welcher
nebst anderen Substanzen eine bedeutende Menge des ätherischen Hopfenöles enthält.

Nicht selten ist das Holz und dann zugleich die ganze
Pflanze der Träger der ätherischen Oele, wie dies z. B. bei
den Coniferen und beim Campherbaum der Fall ist.

Es scheint, als wenn die ätherischen Oele in vielen
Pflanzen zu jenen Stoffen gehören würden, welche keinen
eigentlichen Antheil mehr an dem Lebensvorgange der
Pflanze selbst nehmen; wir finden sie in eigenen Behältern,
den Oelgängen oder Schläuchen eingeschlossen, oder zwischen
den Gefäßbündeln des Holzes in größeren Massen abgelagert (Campher); in manchen Pflanzen hingegen lassen sie

sich durch das Mikroskop in fast allen Gefäßen und bei
manchen fast sogar in jeder einzelnen Zelle nachweisen.

Wir kennen mehrere Verbindungen, welche ihren
Eigenschaften nach unbedingt in die Reihe der ätherischen
Oele gestellt werden müssen, welche sich aber in den Pflanzen
nicht fertig gebildet vorfinden, sondern erst in Folge gewisser
chemischer Processe entstehen, welche gewisse eigenthümliche
Stoffe durchmachen, die sich in den betreffenden Pflanzen=
theilen vorfinden. Ein derartiges Oel ist z. B. das Bitter=
mandelöl.

Die bitteren Mandeln enthalten kein ätherisches Oel,
wohl aber einen Amygdalin (Mandelstoff) genannten Körper,
aus welchem Bittermandelöl entstehen kann. Es sei aber hier
bemerkt, daß die Blüthen des Mandelbaumes, des Pfirsich=
baumes und anderer in die Familie der Drupaceen gehörenden
Pflanzen, wenn auch nur sehr schwach, so doch ganz bestimmt
nach Bittermandelöl riechen.

Die allgemeinen Bemerkungen, welche wir über die
ätherischen Oele hier angeführt haben, werden genügen, um
zu zeigen, daß wir es hier mit einer Reihe von Verbindungen
zu thun haben, welche ebenso große Mannigfaltigkeit in
Bezug auf ihre Abstammung als auf ihre inneren Eigen=
schaften zeigen. Erst die genauere Auseinandersetzung der
chemischen Beschaffenheit der ätherischen Oele wird uns die
Mittel an die Hand geben, die große Anzahl der hieher
gehörigen Körper in gewisse Abtheilungen zu bringen.

III.

Die chemischen Eigenschaften der ätherischen Oele.

Wie alle chemischen Verbindungen bestehen auch die ätherischen Oele aus einfachen Stoffen, Grundstoffen oder Elementen. Die Zahl der Elemente, welche wir in den ätherischen Oelen antreffen, ist sehr klein, es sind im ganzen nur fünf einfache Körper, aus denen sich die große Reihe aller ätherischen Oele aufbaut.

Die Elemente, aus welchen sich die ätherischen Oele zusammensetzen, sind Kohlenstoff (Carbonium = C), Wasserstoff (Hydrogenium = H), Sauerstoff (Oxygenium = O), Stickstoff Nitrogenium = N) und Schwefel (Sulphur = S). Wir haben neben dem deutschen Namen jedes dieser Grundstoffe den lateinischen beigesetzt, dessen Anfangsbuchstabe von den Chemikern zur kurzen Bezeichnung des betreffenden Elementes gebraucht wird. Diese Buchstaben bezeichnen aber nicht nur den Namen des Elementes, sondern sie stehen zugleich für die kleinste Gewichtsmenge des betreffenden Elementes, welche überhaupt in einer Verbindung enthalten sein kann. Man nennt diese Gewichtsmenge ein Atom oder ein Aequivalent.

Man hat gefunden, daß dem Wasserstoffe unter allen bekannten Körpern das kleinste Atomgewicht zukomme und hat es darum als Einheit angenommen; die für die Atomgewichte der anderen Elemente angegebenen Zahlen zeigen demnach an, um wie viel mal ein Atom derselben schwerer ist, als ein Atom Wasserstoff. Diese Zahlen sind für Kohlenstoff = C = 12, für Sauerstoff = O = 16, für Schwefel

$= S = 32$ wenn, wie erwähnt Wasserstoff $= H = 1$ gesetzt wird. Die Anzahl von Atomen, welche in einer Verbindung enthalten sind, wird durch eine Zahl ausgedrückt, welche unten rechts dem für das Element gewählten Zeichen angehängt wird.

$C_{10} H_8$ bedeutet demzufolge eine Verbindung, welche aus zehn Atomen Kohlenstoff und acht Atomen Wasserstoff zusammengesetzt ist.

Die weitaus größere Zahl der ätherischen Oele besteht blos aus zwei Elementen, aus Kohlenstoff und Wasserstoff C und H, eine zweite Gruppe enthält Kohlenstoff, Wasserstoff und Sauerstoff C, H und O und nur eine kleine Anzahl derselben enthält außerdem noch Schwefel, Stickstoff und ist demnach aus C, H, O, N und S zusammengesetzt.

Wenn wir die chemische Zusammensetzung der ätherischen Oele als Basis der Eintheilung annehmen, so ergeben sich von selbst folgende drei Haupt-Abtheilungen:

1. Sauerstofffreie ätherische Oele, oder Kohlenwasserstoffe, bestehend aus C H.

2. Sauerstoffhaltige ätherische Oele, bestehend aus C H O.

3. Schwefelhaltige ätherische Oele, bestehend aus C H O S.

Wir können diese Eintheilung noch dadurch zu einer praktischeren machen, daß wir nicht blos die chemischen Verhältnisse, sondern auch die botanischen in's Auge fassen, indem in gewissen Pflanzenfamilien auch meist eine bestimmte Gruppe von ätherischen Oelen vorkommt; doch ist eine solche Eintheilung nach der pflanzlichen Abstammung der Oele für sich allein nicht gut durchführbar; wir finden z. B. Schwefelhaltige Oele in der Familie der Zwiebelgewächse als auch in jener der kreuzblüthigen Pflanzen u. s. w.

Die sauerstofffreien ätherischen Oele zeigen in Bezug auf ihre chemische Zusammensetzung sehr merkwürdige Eigenschaften. Die meisten derselben erweisen sich mit Rücksicht auf die Anzahl der Atome Kohlenstoff und Wasserstoff, aus benen sie zusammengesetzt sind, als vollkommen gleichartig und bestehen aus $C_{10} H_8$.

Trotz dieser Gleichartigkeit sind sie verschiedene Körper, welche in Bezug auf Färbung, Dichte, Lichtbrechungsvermögen und sonstiges optisches Verhalten, sowie in Bezug auf ihren Siedepunkt und physiologische Wirkung die größten Verschiedenheiten zeigen. Die Chemiker kennen viele Reihen von Körpern, welche bei ganz gleicher chemischer Zusammensetzung verschiedene Eigenschaften besitzen und bezeichnen derartige Körper als isomere Körper. Die sauerstofffreien ätherischen Oele sind ein lehrreiches Beispiel einer großen Reihe von isomeren Körpern.

Die ätherischen Oele und wieder ganz besonders die sauerstofffreien ätherischen Oele sind Körper von großer Unbeständigkeit, das heißt sie verwandeln sich ungemein leicht in andere Körper. Schon die Einwirkung des Lichtes reicht hin, um ein ätherisches Oel in Bezug auf seine chemischen und physikalischen Eigenschaften zu einem von dem ursprünglichen ganz verschiedenen Körper zu machen. Noch weit energischer geht aber diese Veränderung an den ätherischen Oelen vor sich, wenn sie der Einwirkung der Luft ausgesetzt werden, und zwar ist es der in der Luft enthaltene freie Sauerstoff, welcher in sehr lebhafte chemische Wechselwirkung mit den ätherischen Oelen tritt und sie allmälig in Körper zu verwandeln vermag, welche nichts mehr mit den ätherischen Oelen gemein haben und Harze genannt werden.

Wenn man ein ätherisches Oel dem Lichte aussetzt, so wird es gewöhnlich dunkelfarbiger, schwerer entzündlich und brennt mit starker rußender Flamme. Es ist dies eine Erscheinung, welche man besonders an älterem Terpentinöl wahrnehmen kann. Da diese Veränderung auch vor sich geht, wenn man die ätherischen Oele bei völligem Luftab= schluß dem Lichte aussetzt, so kann die Ursache derselben offenbar nur in einer noch nicht genauer bekannten Ein= wirkung des Lichtes auf das ätherische Oel liegen; vielleicht — und dies ist höchst wahrscheinlich — findet hierbei eine sogenannte moleculare Veränderung, d. h. eine Umlagerung der kleinsten Theile statt.

Dem Sauerstoffe der Luft gegenüber zeigen die äthe= rischen Oele ein ganz eigenthümliches Verhalten; sie ver= wandeln denselben in Ozon. Der Körper, welchen wir als Ozon bezeichnen, ist nichts anderes als Sauerstoff, aber Sauer= stoff in einem Zustande erhöhter Thätigkeit. Der gewöhnliche Sauerstoff ist geruchlos und ohne Einfluß auf Pflanzenfarben. Der in Form von Ozon vorkommende Sauerstoff ist von einem ganz eigenthümlichen Geruche (der sogenannte Blitzgeruch nach heftigen Gewittern wird durch Ozon bedingt) und besitzt Fähigkeiten, welche dem gewöhnlichen Sauerstoffe mangeln: er wirkt sehr energisch bleichend auf organische Farbstoffe ein. Die Kork=Stöpsel jener Flaschen, welche ätherische Oele enthalten, werden im Laufe einiger Wochen vollständig durch das sich bildende Ozon gebleicht.

Bei dieser Umwandlung des Sauerstoffes in Ozon wird aber das ätherische Oel selbst auch verändert, indem es Sauerstoff aufnimmt und hierbei immer dunklerfarbig und dickflüssig wird. Gleichzeitig verliert es hierbei immer mehr an Geruch, indem aus dem stark riechenden ätherischen Oele ein geruchloser Körper entsteht.

2*

Die Producte, welche nach der Aufnahme einer so
großen Menge von Sauerstoff als nur möglich Seitens der
ätherischen Oele entstehen, sind geruchlos, fast alle fest und
werden als Harze bezeichnet. Unrichtiger Weise bezeichnet
man in manchen Fällen Gemenge aus ätherischem Oele und
Harzen als Harze direct, was offenbar unrichtig ist. Jene
halbweichen, oder nur dickflüssigen Körper, welche man in
manchen Fällen als Harze bezeichnet, gehören nicht zu
diesen, sondern in eine bestimmte Gruppe von Gemengen
ätherischer Oele und Harzen, die man zu den Balsamen rechnet.

Dem gesagten zur Folge bestehen alle Balsame zum
Theil aus ätherischem Oele und fertig gebildetem Harze,
welches in dem Oele aufgelöst ist und ihm durch seine
größere oder geringere Menge auch eine größere oder gerin=
gere Dickflüssigkeit ertheilt. Die Balsame im allgemeinen,
wie der Terpentin, der Peru= und Tolu=Balsam sind derartige
Gemenge aus einem ätherischen Oele und einem Harze.

Wenn wir die Einwirkung des Sauerstoffes auf die
ätherischen Oele bis zu ihrer Vollendung verfolgen, so ergiebt
sich als Endproduct derselben stets eine Verbindung, welche
fest, nicht krystallinisch, geruchlos und geschmacklos ist, den
chemischen Reagentien gegenüber sich aber als Säure ver=
hält; wir nennen diese durch Sauerstoff=Aufnahme aus den
ätherischen Oelen enstandenen Verbindungen im gewöhnlichen
Leben Harze.

Das lehrreichste Beispiel für diese eigenthümliche
Umwandlung der ätherischen Oele in Säuren bietet das
gewöhnliche Terpentinöl dar, welches aus unseren Nadel=
bäumen in großen Mengen gewonnen wird. Aus dem
Baumstamme fließt bei einer gewissen Behandlung das
Terpentinöl als ziemlich dünne Flüssigkeit aus, welche aber
bald, namentlich wenn der Stamm des Baumes der

Einwirkung des Sonnenlichtes ausgesetzt ist, dickflüssiger wird und als eine dickflüssige Masse, als sogenanntes Fichtenharz gesammelt wird. Dieses besteht aus noch unverändertem ätherischen Oele, dem Terpentingeist oder rectificirtem Terpentinöle des Handels und aus jenem Körper, welchen die Chemiker als eigentliches Fichtenharz, die Kaufleute als Colophonium bezeichnen.

In chemischer Beziehung ist das einem gelben Glase vergleichbare Colophonium ein Gemenge aus zwei Säuren, welche man als Pinin= und Silvinsäure bezeichnet hat. Nach anderen Angaben ist im Fichtenharze nur eine einzige Säure enthalten.

Ein ähnliches Verhalten zeigen gewisse ätherische Oele der Tropenländer, wie z. B. das vom Drachenblutbaume herrührende, welches gleichzeitig mit einem dunkelroth gefärbten Farbstoff ausfließt, an der Luft verharzt und Stocklack genannt wird. Das von dem anhängenden Farbstoffe befreite Harz führt im Handel den Namen Schellack.

Wir könnten hier noch eine große Reihe von Substanzen aufzählen, welche theils aus Gemischen von ätherischen Oelen und Harzen allein, theils auch aus solchen mit Pflanzenschleim und Farbstoffen bestehen; immer aber würden wir auf das Verhältniß zurückkommen, daß diese Stoffe durch Sauerstoffaufnahme der ätherischen Oele entstehen.

Das Verhalten der ätherischen Oele gegen Licht und Sauerstoff ist ein nicht nur für den Mann der Wissenschaft, sondern auch im hohen Grade für den Fabrikanten und Kaufmann wichtiges, indem sich aus demselben wichtige Regeln für die Aufbewahrung der ätherischen Oele ergeben, welche sich darin zusammen fassen lassen, daß die ätherischen Oele möglichst vor Einwirkung des Lichtes und des Sauerstoffes geschützt werden müssen, indem sonst aus ihnen

Producte entstehen, die einen bedeutend geringeren Handels=
werth besitzen, als die reinen, unveränderten Oele.

Die chemischen Eigenschaften der ätherischen Oele
anderen chemischen Verbindungen gegenüber sind solche, wie
sie sich von Körpern erwarten lassen, welche ein großes
Bestreben haben, sich mit Sauerstoff zu verbinden. Bringt
man ätherische Oele mit solchen chemischen Producten zu=
sammen, welche leicht Sauerstoff abzugeben vermögen (oxy=
dirend wirken), so erfolgt der Proceß der Sauerstoff=Auf=
nahme ungemein rasch und findet sehr schnell ein Verharzen
des Oeles statt.

Wählt man sehr kräftige Oxydationsmittel, wie z. B.
rauchende Salpetersäure, so geht die Sauerstoff=Aufnahme
Seitens der ätherischen Oele mit solcher Energie von statten,
daß sie wirklich in einen wahren Verbrennungsproceß, welcher
von Feuer= und Lichtentwickelung begleitet ist, umschlägt.
Wenn man z. B. Terpentinöl in mäßig erwärmte rauchende
Salpetersäure gießt, so erfolgt eine stürmische Gasentwickelung
und nach einigen Secunden eine Entflammung des Terpen=
tinöles.

Selbst, wenn man so verdünnte Salpetersäure an=
wendet, daß sie bei gewöhnlicher Temperatur noch keine
Wirkung auf das Terpentinöl äußert, so tritt diese dennoch
ein, sobald man die Flüssigkeiten mäßig erwärmt; es ent=
wickeln sich rothbraune unangenehm riechende Dämpfe von
Untersalpetersäure und das Oel geht hierbei rasch in harz=
artige Massen über.

Auf ähnliche Weise, nur minder energisch, verhalten sich
die ätherischen Oele anderen oxydirend wirkenden Körpern
gegenüber; solche sind z. B. Chlor, Brom, Jod, Aetzkali
und so weiter und findet die Einwirkung dieser Agentien
um so kräftiger statt, wenn Wasser zugegen ist.

Körpern gegenüber, welche selber energisch Sauerstoff aufzunehmen trachten, verhalten sich die ätherischen Oele ganz indifferent; man verwendet z. B. dieses Verhalten, um gewisse Metalle, welche sich an der Luft sehr rasch verändern würden, beliebig lange zu conserviren; Kalium, Natrium, Lithium, Calcium und mehrere andere sogenannte Erdmetalle ziehen so gierig Sauerstoff aus der Luft an, daß sie in ganz kurzer Zeit in Oxyde (Sauerstoffverbindungen der Metalle) verwandelt werden. Um sie vor dieser Veränderung zu schützen, bewahrt man sie unter ganz sauerstofffreien ätherischen Oelen auf.

IV.

Die physiologischen Eigenschaften der ätherischen Oele.

Es erscheint uns hier der geeignete Ort zu sein, auch einiges über die physiologischen Eigenschaften und Wirkungen der ätherischen Oele — das ist der Wirkungen derselben auf unseren Körper — anzuführen, was uns um so gerechtfertigter erscheint, als sich ja alle Lebensvorgänge in letzter Linie doch auf chemisch-physikalische Vorgänge zurückführen lassen.

Manche ätherischen Oele besitzen ganz bestimmte medicinische Kräfte und werden darum auch als Heilmittel für äußerliche und innerliche Krankheiten angewendet. Es liegt nicht innerhalb des Rahmens des vorliegenden Werkes diese Eigenschaften näher auseinander zu setzen, da dieselben in den Bereich der Heilkunde gehören.

Was uns hier ganz besonders interessirt, ist die Wir=
kung der ätherischen Oele auf das Nervensystem. Dieselbe
erstreckt sich in Wahrheit auf den gesammten Nervenapparat,
auf welchen sie anregenden Einfluß übt. Schon der Sprach=
gebrauch weist auf diese Wirkung hin; man spricht von
dem erfrischenden, berauschenden, selbst betäubenden Duft
gewisser Pflanzen (respective der von ihnen ausgehauchten
ätherischen Oele) und versteht hierunter die Einwirkung des=
selben auf das ganze Nervensystem. Wie kräftig diese Ein=
wirkung thatsächlich ist, läßt sich daraus entnehmen, daß
sich bei sensitiven Personen durch das bloße Einathmen von
Luft, welche stark mit Blumendüften geschwängert ist, mit=
unter sehr merkbare Störungen der Nerventhätigkeit einstellen.

Jedes ätherische Oel verbreitet einen eigenthümlichen
Geruch, und zwar die meisten derselben einen solchen, welcher
der Mehrzahl der Menschen angenehm ist. Doch giebt es
hier subjective Eigenthümlichkeiten in hoher Zahl; während
gewisse ätherische Oele für manchen Menschen äußerst lieb=
lich riechen, sind sie anderen indifferent, ja selbst wider=
wärtig. Obwohl das riechende Princip des Moschus, wie
erwähnt, noch nicht in reinem Zustande dargestellt wurde,
so haben wir doch viele Gründe dafür, dasselbe mit den
ätherischen Oelen mindestens sehr verwandt zu halten;
während manchen Individuen der Moschusgeruch ein sehr
angenehmer ist, erscheint er andern als höchst widerwärtig.

Wenn man ein reines ätherisches Oel mit dem Geruchs=
organe prüft, so ist die Geruchsempfindung in allen Fällen
eine derartige, daß sie niemand für eine angenehme erklären
wird; man kann mit viel mehr Recht sagen, daß der Geruch
der ätherischen Oele im reinen Zustande sich mehr jener
Wahrnehmung nähere, die man als widerlich betäubenden
Geruch, denn als Duft bezeichnen kann.

Erst wenn man das ätherische Oel entsprechend ver=
dünnt, und zwar muß dies in sehr hohem Grade geschehen,
fängt der Geruch an lieblich zu werden und sich dem jener
Pflanze oder des Pflanzentheiles zu nähern, welche man
wegen ihres Wohlgeruches schätzt. Ein ganz besonders lehr=
reiches Beispiel bietet in dieser Beziehung das ätherische
Oel der Veilchen dar, welches in reinem Zustande einen
widerlich betäubenden Geruch besitzt, der nicht im entfern=
testen an jenen der Veilchen erinnert, welcher aber stufen=
weise in den bezauberndsten Veilchenduft übergeht, wenn
man das Oel auf entsprechende Weise verdünnt.

Da in den meisten Gewerben, welche ätherische Oele
anwenden, dieselben ausschließlich wegen ihres Wohlgeruches
Benützung finden, so ist diese Eigenschaft der ätherischen
Oele eine sehr wichtige; namentlich bei Herstellung solcher
Präparate, welche entweder ausschließlich oder der Haupt=
sache nach auf das Geruchsorgan zu wirken bestimmt sind.

Der Parfum= und Liqueurfabrikant sind in dieser
Lage; es kann keinen gröberen Fehler für den Parfum=
Fabrikanten geben, als den, einen zusammengesetzten Parfum,
d. h. einen solchen, welcher mehr als ein ätherisches Oel
enthält, so zu combiniren, daß ein gewisses Oel sogleich
erkannt wird. Dasselbe gilt für den Liqueurfabrikanten.
Nur in jenen Fällen, in welchen ein nach einer entschieden
riechenden Pflanze duftender Parfum oder Liqueur hergestellt
werden soll, darf und muß sogar von dem betreffenden
ätherischen Oele so viel genommen werden, daß der Geruch
desselben leicht erkennbar ist. Ein Rosen=Parfum oder
Liqueur muß bestimmt nach Rosen riechen, ebenso wie ein
Extrait de Violettes oder ein Veilchenliqueur den specifi=
schen Geruch der genannten Pflanze besitzen muß.

V.

Die physikalischen Eigenschaften der ätherischen Oele.

Obwohl schon in den vorstehenden Abschnitten dieses Werkes einiges über die physikalischen Eigenschaften der ätherischen Oele im Allgemeinen gesagt wurde, so ist es dennoch nothwendig, dieselben des Breiteren zu besprechen und zwar darum, weil die physikalischen Eigenschaften oft in ungleich höherem Grade sichere Anhaltspunkte bezüglich der Reinheit eines ätherischen Oeles geben, als die chemischen Eigenschaften, die oft den Reagentien gegenüber nur sehr geringfügige Unterschiede zwischen zwei ätherischen Oelen ergeben.

Die Dichte der ätherischen Oele.

Die Mehrzahl der ätherischen Oele besteht aus flüssigen Körpern, welche meistens ein geringeres specifisches Gewicht als das Wasser besitzen, obwohl einige derselben eine bedeutend größere Dichte besitzen. Leider haben wir über die Dichte der ätherischen Oele noch keine Angaben, welche als vollkommen zuverlässige angesehen werden können, indem fast Jeder, welcher sich mit der Dichtenbestimmung der ätherischen Oele beschäftigt, Zahlen findet, welche von denen anderer Forscher oft um ein bedeutendes abweichen.

Die Ursachen dieser Abweichungen liegen nicht in den zur Dichtenbestimmung angewendeten Methoden, welche gegenwärtig schon so weit vervollkommnet sind, daß sie einen hohen Grad von Genauigkeit zulassen, sondern in den in Arbeit genommenen Oelen selbst. Es scheint, daß nicht nur das Alter des Oeles, sondern auch die Vegetations= verhältnisse der Pflanze, aus welcher es dargestellt wurde, und die Art der Gewinnung von Einfluß auf die Dichte eines ätherischen Oeles sind.

Es wäre eine freilich sehr mühevolle, aber auch höchst verdienstliche Arbeit für einen Chemiker, eine große Reihe von ätherischen Oelen, von welchen ihm nicht nur das Alter derselben allein, sondern auch der Pflanzen, von wel= chen sie stammen, wohlbekannt sind, in Bezug auf ihre Dichte genau zu prüfen. Man würde hierdurch Anhaltspunkte ge= winnen, welche die wichtigsten Aufschlüsse über etwaige Verfälschungen mit anderen ätherischen Oelen oder anderen Körpern, wie Weingeist, Chloroform u. s. w. bieten würden.

Manche ätherische Oele sind stark krystallinische Kör= per, deren Krystalle aber, obwohl schön ausgebildet, eigen= thümlich weich und zäh erscheinen. Man benennt diese Art von ätherischen Oelen im Allgemeinen als Camphore oder Campherarten.

Der Siedepunkt und Erstarrungspunkt der ätheri= schen Oele.

Bezüglich dieser beiden Factoren walten ähnliche Ver= hältnisse, wie rücksichtlich der Dichte: es fehlen uns genau bestimmte Angaben über dieselben. Im Allgemeinen haben die ätherischen Oele Siedepunkte, welche weit über jenem des Wassers liegen, besitzen aber trotzdem die Eigenschaften sehr flüchtiger Körper; die meisten sind so flüchtig, daß man sie mit Wasserdämpfen von der Temperatur des siedenden Wassers vollständig verflüchtigen kann; noch größer ist selbstverständlich die Flüchtigkeit bei Anwendung von gespannten Wasserdämpfen. Auf diesem Verhalten der

ätherischen Oele beruht eigentlich die Darstellung der meisten
derselben.

Der Erstarrungspunkt der ätherischen Oele zeigt die
merkwürdigsten Abstände; wir kennen solche, welche schon
bei gewöhnlicher Temperatur eine fast butterartige Consistenz
haben und erst beim künstlichen Erwärmen vollständig verflüssigt werden, während andere selbst bei bedeutenden
Kältegraden noch nicht fest werden.

Die Löslichkeit der ätherischen Oele.

Die ätherischen Oele lösen sich gegenseitig in jedem
Verhältnisse auf, eine Eigenschaft, welche leider nur zu
häufig dazu benützt wird, um ein kostbares Oel mit einem
minder werthvollen zu verfälschen. In starkem Weingeist,
in den leicht flüchtigen Kohlenwasserstoffen, die sich aus
dem rohen Petroleum darstellen lassen, dem sogenannten
Petroleumäther, sowie in Chloroform, Schwefelkohlenstoff
und Aether lösen sie sich sehr leicht auf und sind auch mit
fetten Oelen (den eigentlichen Oelen) meistens in beliebigen
Verhältnissen mischbar.

Dem Wasser gegenüber verhalten sich die ätherischen
Oele auf die Weise, daß sie sich, wie erwähnt, mit den
Dämpfen desselben verflüchtigen lassen. Das Wasser löst
hierbei eine, wenn auch verhältnißmäßig geringe Menge
des ätherischen Oeles auf; immerhin ist die Quantität des
aufgelösten Oeles genügend, um dem Wasser den Geruch
und Geschmack des betreffenden Oeles zu verleihen.

Man nennt solche Wässer, welche mit den Pflanzenstoffen behufs der Gewinnung von ätherischen Oelen destillirt wurden, aromatisirte Wässer, und finden dieselben, da
sie den Geruch und Geschmack in entsprechender Verdünnung
zeigen, eine ausgedehnte Anwendung in der Parfumerie und

Liqueurfabrikation und werden wir deshalb auch noch auf dieselben etwas eingehender zurückkommen.

Die ätherischen Oele besitzen selbst ein bedeutendes Lösungsvermögen für verschiedene Körper; Schwefel, Phosphor, Fette, Harze, Kautschuk und andere Stoffe lösen sich in ihnen ziemlich leicht; ebenso werden auch eingetrocknete Firnisse durch ätherische Oele allmälig aufgelöst. Dieser Eigenschaften wegen finden manche häufig vorkommende und daher billige ätherische Oele vielfache Anwendung als Lösungsmittel.

Die optischen Eigenschaften der ätherischen Oele.

Als brennbaren Körpern kommt den flüssigen ätherischen Oelen ein sehr bedeutendes Lichtbrechungsvermögen zu, das heißt sie vermögen die Lichtstrahlen, welche man durch sie gehen läßt, stärker abzulenken, als viele andere Körper. Dem polarisirten Lichte gegenüber verhalten sich die verschiedenen ätherischen Oele auf sehr eigenthümliche Weise, indem sie in den Polarisations-Apparat gebracht, das Licht je nach ihren besonderen Eigenschaften, um eine bestimmte Größe, nach der einen oder anderen Richtung ablenken.

Diese beiden Verhältnisse: das Lichtbrechungsvermögen im Allgemeinen und das Verhalten gegen das polarisirte Licht im Besonderen würden treffliche Anhaltspunkte geben, ein ätherisches Oel auf seine Reinheit zu prüfen. Leider kennt man bis jetzt nur bei wenigen ätherischen Oelen diese Verhältnisse genauer, und sind auch die Prüfungs- methoden, welche hierbei in Anwendung kommen müssen, etwas umständlichere, daß sie nicht leicht in der Praxis Eingang finden, da der Praktiker stets nach Proben verlangt, welche sehr rasch und ohne Zuhilfenahme complicirter Apparate durchführbar sind.

Es ist kein Zweifel, daß auch das Leitungsvermögen der ätherischen Oele für Elektricität, ihr magnetisches Verhalten und andere physikalische Eigenschaften werthvolle Anhaltspunkte für die Prüfung der Oele darbieten würden; doch harren diese Untersuchungen noch immer der Forscher, welche mit den genügenden wissenschaftlichen Kenntnissen und Apparaten ausgestattet sind, um sie mit der erforderlichen Genauigkeit auszuführen.

VI.

Die Gewinnung der ätherischen Oele.

Die Methoden, welche man zum Zwecke der Gewinnung von ätherischen Oelen einschlägt, sind sehr verschiedene, je nach der Beschaffenheit des Pflanzentheiles, der das Oel enthält, und nach der Menge des letzteren, welches in den Pflanzenkörpern enthalten ist. Es ist begreiflich, daß man ein anderes Verfahren einschlagen muß, um das duftende Princip einer kleinen Blume zu gewinnen, als um das ätherische Oel aus einem Holze herzustellen oder dasselbe aus einer fleischigen Frucht zu gewinnen.

Welche Methode überhaupt angewendet werden kann, hängt in erster Linie sogar weniger von der Beschaffenheit des Pflanzentheiles als von den Eigenschaften des ätherischen Oeles ab, welches in demselben vorkommt. Um hierüber ein Beispiel anzugeben, wollen wir nur erwähnen, daß Orangenschalen, welche ganz verschrumpft und lederartig geworden sind, dennoch ihren Geruch seiner Qualität nach unverändert beibehalten; derselbe wird durch Verdampfung und Verharzung eines Theiles des Oeles einfach schwächer.

Rosenblätter, welche man an der Luft getrocknet hat, behalten Jahre hindurch einen Geruch, welcher an den der Rose zum mindesten erinnert, obwohl er von jenem einer fri= schen Blüthe sehr weit entfernt ist. Versucht man es hin= gegen Veilchen, Maiglöckchen und viele andere duftende Waldblumen aufzubewahren, so ist jede Mühe vergebens, den Geruch zu bewahren; derselbe entschwindet, ehe noch die Pflanze ganz welk geworden ist, vollkommen und macht jenem bekannten Geruche Platz, welchen wir an allen grünen Pflanzen beim Trocknen wahrnehmen.

Nach dem, was wir soeben über die Veränderlichkeit der Gerüche gewisser Pflanzen bei längerem Aufbewahren angeführt haben, bleibt dem Fabrikanten, welcher derartige ätherische Oele darstellen will, gar nichts anderes über, als sich das Rohmaterial, das ist in diesem Falle die duftenden Blüthen, selbst herzustellen oder dafür Sorge zu tragen, daß ihm dieselben in vollkommen frischem Zustande in ge= nügenden Mengen in die Fabrik gebracht werden. Mit Berücksichtigung der Blüthezeit der duftenden Pflanzen wird der Betrieb der Fabrik so einzurichten sein, daß während dieser Periode jede andere Arbeit ruht und alle Kräfte zusammenwirken können, um möglichst große Quantitäten des veränderlichen Rohmateriales rasch aufzuarbeiten. Die übrige Zeit des Jahres kann zur Gewinnung von ätherischen Oelen, welche aus Hölzern, Früchten u. s. w. stets herzu= stellen sind, benützt werden. Uebrigens giebt schon die Rein= darstellung der ätherischen Oele aus den Rohproducten so viel Arbeit, daß dadurch die Thätigkeit der Fabrik für län= gere Zeit in Anspruch genommen wird.

Die deutschen Fabrikanten ätherischer Oele beschränken sich meistens darauf, nur jene ätherischen Oele anzufertigen, welche jederzeit aus dem Urmateriale hergestellt werden können. Sie bleiben aber hierdurch auf einer entschieden niederern Stufe stehen, als jene Fabrikanten, welche sich die Darstellung der ätherischen Oele aus frischen Blüthen zur Aufgabe gemacht haben.

In dieser Beziehung stehen die französischen Fabrikanten oben an und reihen sich ihnen zunächst für gewisse ätherische Oele die englischen Fabrikanten an. In Frankreich waren es wohl mehrere Factoren, welche die Veranlassung zur Entstehung einer Industrie gaben, die wohl einzig in der Welt dasteht. Die großen Vorliebe der romanischen Völker für Wohlgerüche überhaupt, so wie die günstigen klimatischen Verhältnisse, welche der französische Süden besitzt, leisteten der Anpflanzung duftender Pflanzen im großartigsten Maßstabe den wesentlichsten Vorschub.

Es sind ganz besonders die Städte Grasses, Cannes, Nizza, und nebst diesen auch noch Monaco, welche man nicht ohne Grund die Blumenstädte nennt; viele Hunderte von Hektaren des besten Bodens sind dort mit wohlriechenden Pflanzen, wie Veilchen, Jasmin, echten Acacien, Pomeranzenbäumchen u. s. w. bedeckt, welche Pflanzen ausschließlich dazu dienen, ihre Blüthen an die Fabrikanten ätherischer Oele abzugeben. In Algier, einem Lande, in dem die klimatischen Verhältnisse noch günstiger sind, als in Süd-Frankreich, werden ebenfalls Pflanzen, welche die feinsten Pflanzendüfte enthalten, in großen Mengen angebaut.

In England erstreckt sich die Cultur jener Pflanzen, welche ätherisches Oel liefern, nur auf wenige Species, denen das englische Klima besonders zuzusagen scheint; man findet dort an einigen Orten Anpflanzungen von Lavendel und der Pfefferminze, welche durch ihre Ausdehnung jeden Besucher in Staunen versetzen.

Die Tropenländer erzeugen eine große Menge von duftenden Pflanzen, welche aber mit Ausnahme jener, deren Wohlgerüche besonders haltbar sind, wie z. B. jener des Patschuli-Krautes, für uns eigentlich nicht existiren, da unseres Wissens wenigstens in keinem echt tropischen Lande (Algerien kann nicht zu diesen gerechnet werden) eigene Plantagen zur Cultur dieser Pflanzen bestehen. Wer aber einmal Gelegenheit hatte, große Treibhäuser zu besuchen, wie sie z. B. in Schönbrunn bei Wien, in Potsdam nächst Berlin, Kew nächst London, im Jardin des plantes in Paris u. s. w. existiren, dem werden die herrlichen Wohlgerüche gewisser Blüthen tropischer Gewächse wohl erinnerlich sein, und es ist nur zu bedauern, daß bis nun diese herrlichen Riechstoffe für die Mehrzahl der nicht in den Tropengegenden lebenden Menschen so gut wie nicht vorhanden sind.

Wie wir schon in unserem Werke: Die Parfumerie-Fabrikation *) angedeutet haben, würden sich viele Gegenden Deutschlands unseres Erachtens nach ganz vorzüglich zur Errichtung ähnlicher Blumen-Culturanstalten eignen, wie wir sie in Südfrankreich antreffen und wäre hiedurch dem unfreiwillig vorhandenen Monopole, welches die französischen Fabrikanten thatsächlich wegen des Mangels an Concurrenz besitzen und durch Hochhaltung der Preise ihrer Producte auch entsprechend ausbeuten, am wirksamsten ein Ziel gesetzt.

---

*) Die Parfumerie-Fabrikation. Von Dr. chem. George William Askinson. A. Hartleben's Verlag, Wien, Pest, Leipzig 1875.

Während in dem deutschen Norden ein großer Theil
jener Pflanzen, welche ätherische Oele enthalten, die hauptsächlich für die Zwecke des Liqueurfabrikanten brauchbar
sind, cultivirt werden könnte, als Kümmel, Fenchel, Anis
u. s. w., wäre es in den süddeutschen Ländern, namentlich
in Baden, in Niederösterreich, Steiermark, gewiß lohnend,
manche Pflanzen, die sich durch lieblichen Duft auszeichnen,
zu cultiviren.

Gegenwärtig werden in Deutschland nur sehr wenige
ätherische Oele in nennenswerthen Mengen dargestellt; das
einzige derselben, welches besondere Beachtung verdient, ist
das Terpentinöl, das vorzugsweise in den österreichischen
Ländern im Großen fabricirt wird.

Durch die praktische Erfahrung haben sich mehrere
Methoden zur Gewinnung der ätherischen Oele heraus-
gebildet, die sich der Hauptsache nach in Folgendem zu-
sammenfassen lassen:

1. Darstellung der ätherischen Oele auf directem Wege
durch Pressung der Pflanzentheile.

2. Darstellung der ätherischen Oele durch Destillation
von Balsamen oder Pflanzentheilen.

3. Darstellung der ätherischen Oele durch Extraction
mit Lösungsmitteln bei gewöhnlicher Temperatur und zwar
unter Anwendung von Druck oder ohne diesen.

4. Darstellung der ätherischen Oele durch die sogenannte Maceration oder Infusion.

5. Darstellung der ätherischen Oele durch Absorption.

6. Darstellung der ätherischen Oele durch Absorption
unter Anwendung von erwärmter Luft.

Welcher von den genannten Wegen einzuschlagen ist,
hängt ausschließlich von der Beschaffenheit des Rohmate-
rials ab, welches in Arbeit genommen wird; bei manchen

derselben kann man mit Vortheil mehrere der genannten
Methoden in Anwendung bringen, während bei anderen
nur eine bestimmte Methode überhaupt zum Ziele führt
oder doch nur eine derselben ein Product von entsprechender
Güte liefert.

Manche Rohmaterialien bedürfen einer besonderen
Vorbereitung, um zur Gewinnung der in ihnen enthaltenen
ätherischen Oele dienen zu können; dies gilt besonders von
den Hölzern, welche durch passende mechanische Vorrichtungen
verkleinert werden müssen. Man verwendet die Hölzer entweder in Form feiner Hobelspäne oder noch besser in Gestalt eines feinen Sägemehles. Die Verwandlung des Holzes
in Hobelspäne geschieht entweder durch Handarbeit mittelst
eines Doppelhobels oder unter Zuhilfenahme einer Hobel-
maschine. Diese besteht in einfacher aber sehr gut wirkender
Form aus einer eisernen Trommel, die in sehr rascher
Umdrehung begriffen ist und an ihrem Umfange mit drei
bis sechs schief gestellten Messerklingen besetzt ist. Das zu
hobelnde Holz ist auf einen Wagen gespannt und wird den
Messern so entgegengeführt, daß dieselben das Holz in einer
Richtung schneiden, welche senkrecht auf die Richtung der
Längsfasern läuft, wodurch bröckliche Späne entstehen. Die
Umdrehung der Schneidetrommel wird durch Dampf= oder
Wasserkraft bewirkt.

Um das Holz in Sägemehl zu verwandeln, kann man
sich ebenfalls einer rotirenden Trommel aus Stahlblech
bedienen, welche an ihrer Oberfläche in eine Raspel verwandelt ist und an die das zu verkleinernde Holz stark
angepreßt wird. Damit die Hiebe der Raspel nicht durch
die feinen Holzspäne verlegt werden, ist es nothwendig,
letztere durch einen auf die Trommel fallenden Wasserstrahl
beständig abzuspülen.

Nüsse und Rinden werden durch geriefte Walzen zer=
quetscht; Wurzeln und holzartige Kräuter können durch
Schneiden mit einer entsprechenden Schneidevorrichtung ver=
kleinert werden.

Bevor wir an die ausführliche Darstellung der Fa=
brikation der ätherischen Oele selbst übergehen, wollen wir
in gedrängter Kürze das Wesen der verschiedenen hierbei in
Anwendung kommenden Methoden darlegen.

Die Methode der Pressung gründet sich darauf, daß
die Oelbehälter der Pflanzentheile durch Anwendung eines
hohen Druckes gesprengt werden und das in ihnen enthal=
tene ätherische Oel ausfließt. Letzteres nimmt aber noch
eine beträchtliche Menge fremder Stoffe mit sich und muß
daher in den meisten Fällen noch einer besonderen Reini=
gung unterzogen werden.

Die Destillation ist die unter allen Verfahrungsarten
am häufigsten angewendete. Sie gründet sich darauf, daß
die ätherischen Oele in Wasser wenig löslich sind und schon
bei der Siedhitze des Wassers Dämpfe in so reichlichem
Maße entwickeln, daß sie sich mit diesen vollständig ver=
flüchtigen und durch Verdichtung des Dampfes wieder ge=
winnen lassen.

Die Extractionsmethode beruht darauf, daß die äthe=
rischen Oele in gewissen Flüssigkeiten sehr leicht löslich sind.
Man behandelt die Pflanzenstoffe mit diesen Lösungsmitteln,
trennt sie von diesen durch Destillation und unterwirft sie
noch einem besonderen Reinigungsprocesse. Da man durch
zweckmäßige Einrichtung der Apparate die Lösungsmittel
fast ohne allen Verlust wieder gewinnen kann, so ist diese
Darstellungsweise wegen der reichen Ausbeute an ätherischem
Oele, die man bei ihrer Anwendung erzielt, eine sehr
empfehlenswerthe.

Da die Auflösung vieler Körper und auch der ätheri=
schen Oele rascher vor sich geht, wenn das Lösungsmittel
unter erhöhtem Drucke wirkt, so wendet man die Extractions=
methode auch mit dieser Abänderung an und erspart hier=
durch an Zeit, sowie auch an Lösungsmittel, indem eine
geringere Quantität des letzteren unter erhöhtem Druck mehr
und rascher ätherisches Oel aufzulösen vermag, als bei ge=
wöhnlichem Drucke.

Die Macerations=Methode gründet sich auf die Eigen=
schaft flüssiger Fette (fetter Oele), ätherische Oele in sich
aufzunehmen, und wird auf die Weise ausgeführt, daß
man das fette Oel durch längere Zeit und bei mäßiger
Wärme mit öfters erneuten Pflanzenstoffen behandelt.

Bei dem Absorptions=Verfahren findet Aehnliches statt,
wie bei der eben erwähnten Macerations=Methode: auch den
festen Fetten kommt die Eigenschaft zu, ätherische Oele in
sich aufzunehmen. Bei diesem Verfahren kommen verschiedene
Modificationen in Anwendung und schließt sich z. B. das
Verfahren der Darstellung der ätherischen Oele durch
Absorption unter Anwendung von erwärmter Luft eng an
die Absorption bei gewöhnlicher Temperatur an.

Bei der fabriksmäßigen Darstellung der ätherischen
Oele kommen in den verschiedenen Anstalten Apparate zur
Anwendung, welche oft sehr von einander abweichende
Constructionen zeigen; immer lassen sich dieselben aber auf
eine der angegebenen Methoden zurückführen und haben wir
im Nachstehenden stets nur solche Einrichtungen beschrieben,
welche sich in der Praxis bewährt haben. Wir erwähnen hier
aber ausdrücklich, daß manchen dieser Apparate noch gewisse
Mängel anhaften und der strebsame Fabrikant gewiß im
Stande sein wird, bei längerem Gebrauche eines solchen
Apparates namhafte Verbesserungen an demselben anzubringen.

VII.

Die fabriksmäßige Darstellung der ätherischen Oele.

Die Art der Anlage einer Fabrik zur Darstellung von ätherischen Oelen ist nach der Ausdehnung, welche sie erhalten soll, eine verschiedene; stets sollen aber derartige Anstalten mit einer Dampfmaschine versehen sein. Der Dampf hat in einer derartigen Fabrik eine doppelte Be= stimmung: er dient zum Betriebe der Dampfmaschine und auch als Wärmequelle für Destillationszwecke selbst. Die letztgenannte Verwendung des Dampfes ist sogar die weit= aus bedeutendere, da die Dampfmaschine gewöhnlich nur zum Zerkleinern der Rohmaterialien oder zum Betriebe der Pressen verwendet wird.

Das Verkleinern der Rohmaterialien geschieht, wie schon erwähnt worden, durch Hobeln, Zerschneiden oder Zerdrücken derselben. Das Zerschneiden — vom Hobeln war schon oben die Rede — kann am besten mit Hilfe einer Vorrichtung ausgeführt werden, welche in Bezug auf ihre Einrichtung einer Maschine zum Schneiden des Stroh= Häckfels gleicht. Man muß die Maschine aber so einrichten, daß sie das zu schneidende Materiale nach Belieben weit vorschiebt und auf diese Weise größere oder kleinere Stücke erhalten werden können.

Zum Verkleinern von härteren Samen, wie von Kümmel, Anis und ähnlichen Körnern, bedient man sich einer Vorrichtung, welche zugleich quetschend und reibend wirkt. Da bei vielen Samenarten das ätherische Oel seinen Sitz nur in der Schale desselben hat, so erscheint es von Wichtigkeit, dieselbe möglichst zu zerreißen und muß das Samenkorn aus diesem Grunde nicht blos zerquetscht, sondern auch gleichzeitig zerrieben werden.

Die untenstehende Abbildung Figur 1 versinnlicht einen derartigen Apparat, wie er für den Handbetrieb ver-

Fig. 1.

wendet werden kann. A und B sind zwei glatte Metallwalzen, welche durch eine Verzahnung mit einander verbunden sind. Die Verbindung ist aber so angebracht, daß die eine Walze etwas langsamer läuft als die andere. Da sich nun beide Walzen einander entgegendrehen, so wird

ein zwischen sie fallender Körper gefaßt, zerquetscht und da
die eine der Walzen etwas schneller geht, als die andere,
zugleich der Länge nach gezerrt. Die gequetschte Masse
fällt zwischen den Walzen auf das stark geneigte Brett E.
Ueber den beiden Walzen ist ein Füllrumpf D angebracht,
den man mit den zu verkleinernden Substanzen anfüllt, oder
welcher eine Walze enthält, die zugleich mit den Quetsch=
walzen bewegt wird, aber nur dazu dient, das Hinab=
fallen der zu quetschenden Körner möglichst gleichmäßig zu
machen. Die eine der Quetschwalzen ist der anderen zu
nähern oder dieser zu entfernen, wodurch gröbere oder
kleinere Bruchstücke entstehen können.

Die Construction des Quetschapparates für größeren
Betrieb ist der Hauptsache nach dieselbe, wie bei dem eben
beschriebenen, nur sind alle Theile der Vorrichtung aus
Metall verfertigt, und steht dieselbe durch eine passende
Transmission mit irgend einer mechanischen Vorrichtung in
Verbindung, welche ihre Bewegung bewirkt.

Der Dampfkessel in einer Fabrik von ätherischen
Oelen soll eine viel größere Dampfmenge zu liefern im
Stande sein, als eigentlich für die Dampfmaschine erfor=
derlich ist, da er den Dampf für alle Destillationen liefern
soll. Der Ort, an welchem der Dampfkessel aufgestellt ist,
soll die Lage haben, daß man den Dampf in allen Theilen
der Fabrik zur Verfügung hat, indem ihm auch die Auf=
gabe zufällt, die Luft in gewissen Räumen zu erwärmen.

Fabriken, welche im Großen arbeiten und alle mög=
lichen Sorten ätherischer Oele darstellen, müssen auch große
Lagerräume für die Rohmaterialien zur Verfügung haben.
Diese müssen vollständig trocken sein und darf sich an den
aufgespeicherten Gegenständen auch nicht die kleinste Spur
einer Schimmelbildung zeigen, da die ätherischen Oele,

welche aus schimmeligen Pflanzenstoffen hergestellt werden, nie eine besondere Feinheit im Geruche zeigen. Die Keller einer Fabrik für ätherische Oele sollen eine ziemlich niedere Temperatur besitzen, da sich die Oele in einer solchen noch am wenigsten verändern.

Es steht nicht im Belieben des Fabrikanten, die eine oder die andere Fabrikationsmethode anzuwenden, selbst wenn wir die Pressung ganz bei Seite setzen; wie erwähnt, sind manche Oele in so geringer Menge in den Pflanzen= stoffen vorhanden, daß die Destillation gar kein Resultat ergeben würde und zu einer der anderen Methoden ge= griffen werden muß, oder die Oele sind von so leicht ver= änderlicher Beschaffenheit, daß man nur eine Methode an= wenden kann, bei welcher das Oel ohne Lösungsmittel und bei gewöhnlicher Temperatur durch einen einfachen Luftstrom auf Fett übertragen wird.

Gewisse Pflanzenstoffe enthalten nicht nur ein ätheri= sches Oel, sondern auch ein wirkliches Fett oder Oel. Wollte man derartige Stoffe der Destillation unterziehen, so würde ein großer Theil des ätherischen Oeles von dem Fett zurück= gehalten werden und letzteres nach dem Oele riechen. Wollte man versuchen, durch Extraction oder Maceration u. s. w. zum Ziele zu gelangen, so würden die Resultate ebenfalls ungünstige sein: man würde mit dem ätherischen Oele gleich= zeitig auch das fette in Lösung bringen, da die Lösungs= mittel für ätherische Oele fast alle auch Fett aufzulösen vermögen.

Bei Pflanzenstoffen, welche fettes und ätherisches Oel enthalten, trennt man die Bereitungsweise beider auf die Art, daß man die Pflanzentheile zuerst einem hohen mechanischen Druck aussetzt und hierdurch den größten Theil des fetten Oeles aus demselben entfernt. Der zurückbleibende

Rest der Pflanzenstoffe wird sodann noch besonders auf ätherisches Oel verarbeitet. Da sich bei Anwendung höherer Temperaturen eine etwas reichlichere Menge von fettem Oel gewinnen läßt, so glauben manche Oelfabrikanten durch die Benützung höherer Temperaturen beim Pressen etwas sehr praktisches zu thun.

Es darf aber nicht vergessen werden, daß bei höherer Temperatur die ätherischen Oele sehr flüchtig werden und daher durch Verlust eines Theiles an ätherischen Oelen mehr Schaden entstehen kann, als durch den Verlust einer kleinen Menge an fettem Oele beim sogenannten Kaltpressen ohne Anwendung eines höheren Wärmegrades.

VIII.

Die Darstellung der ätherischen Oele durch Pressung.

Das Auspressen des ätherischen Oeles läßt sich nur an solchen Pflanzenstoffen vollführen, welche einen besonderen Reichthum an ätherischem Oel besitzen und gleichzeitig von entsprechender Weichheit sind. Die Schalen der Orangen und Citronen, zum Theile auch zerquetschte Muscatnüsse liefern ein gutes Beispiel hierfür.

In früherer Zeit waren gewöhnliche Pressen mit hölzerner Spindel in Anwendung. Da derartige Pressen eine verhältnißmäßig nur sehr kleine Kraft zu entwickeln vermögen, indem bei stärkerer Anspannung der Presse die Gänge der Schraubenspindel abgedrückt werden, so hat man

diese Construction fast überall verlassen und bedient sich
allgemein solcher Pressen, welche ganz aus Eisen gebaut
sind und eine starke Schraube mit flachen Gängen besitzen.
— Die zu pressenden Gegenstände werden in Preßtücher
eingeschlagen, die eigens für diesen Zweck angefertigt werden
müssen, da man von ihnen eine ganz besondere Festigkeit
des Gewebes fordert und so übereinander in der Presse
aufgeschichtet, daß zwischen je zwei Preßkuchen eine Eisen=
platte zu liegen kommt.

Obwohl eiserne Pressen eine bedeutend größere Aus=
beute an ätherischem Oele geben, als hölzerne, so genügt
ihre Leistung noch nicht; ein sehr merklicher Bruchtheil des
ätherischen Oeles geht verloren. Man kann sich hiervon
leicht durch das Vergrößerungsglas überzeugen. In Pome=
ranzen= oder Citronenschalen sind die Oelbehälter so groß,
daß man sie schon bei mäßig starker Vergrößerung als gelb
gefärbte Zellen erkennen lassen. Untersucht man die Preß=
kuchen, welche nach dem kräftigsten Auspressen mit eisernen
Pressen zurückbleiben, so findet man, daß eine sehr große
Anzahl von Oelbehältern vollkommen unverletzt geblieben ist,
das in ihnen enthaltene ätherische Oel somit verloren ge=
geben werden muß.

Unter allen Pressen liefern die hydraulischen den
stärksten Druck und demzufolge auch die bedeutendste Aus=
beute an ätherischem Oel. Man giebt den hydraulischen
Pressen, welche zur Darstellung von ätherischem Oel dienen
sollen, genau dieselbe Einrichtung wie jenen, welche zur
Gewinnung von fetten Oelen verwendet werden. In den
Fabriken benützt man sie gewöhnlich auch häufig sowohl
zu dem einen oder anderen Zweck.

Der Preßkolben läuft bei diesen Pressen in einen
hohlen Cylinder aus Stahl, welcher unten eine Schale mit

einer Dille oder Ausgußschnabel trägt, bei welchem das Ausgepreßte abfließt und an seinem Umfange mit sehr feinen Löchern, ähnlich wie ein Sieb, versehen ist. Dieser Cylinder wird mit den auszupressenden Gegenständen aus= gefüllt und sodann die Presse in den Gang gesetzt.

Eine gute hydraulische Presse soll die Einrichtung haben, daß der Kolben, welcher an der Pumpe angebracht ist, aus einem Rohre besteht, in welchen ein genau passen= der Cylinder eingefügt ist. Bekanntlich steigt der Preßkolben um so rascher, je geringer der Unterschied zwischen seinem Querschnitte und jenem des Pumpenkolbens selbst ist; die Kraft, welche die Presse entwickelt, ist den Querschnitten der beiden Kolben proportional. Stellt man das Rohr des Pumpenkolbens fest, so wird dieses eigentlich zum Pumpen= stiefel und der in dieses Rohr passende massive Cylinder wird zum Pumpenkolben. Der Preßkolben wird hierbei nur sehr langsam, aber mit großer Kraft nach aufwärts bewegt.

Bei Beginn der Arbeit setzen die locker aufgeschütteten Pflanzentheile der Presse nur geringen Widerstand entgegen; man benützt daher den großen Pumpenkolben, durch welchen ein rasches Steigen des Preßkolbens veranlaßt wird und die Pflanzentheile schnell auf ein geringes Volumen zusam= mengedrückt werden. Ist dies eingetreten, so stellt man den weiten Pumpenkolben fest und setzt das Pressen mit dem kleinen Kolben fort. Der Preßkolben steigt nur mehr lang= sam, entwickelt aber eine sehr große Kraft.

Beim Pressen quillt aus den feinen Oeffnungen des Cylinders, in welchem die zu pressenden Substanzen ent= halten sind, eine trübe, milchartige Flüssigkeit hervor, welche aus ätherischem Oele und aus den wässerigen Stoffen besteht, welche gleichzeitig aus den Pflanzentheilen ausge= preßt werden. Letztere bestehen aus einer Lösung von verschiedenen Extractivstoffen und Salzen in Wasser. Man läßt diese Flüssigkeit unmittelbar von der Presse weg in große Glasflaschen fließen, welche einen geringen Durchmesser, aber eine bedeutende Höhe besitzen und bringt dieselben sogleich an einen kühlen Ort, wo man sie verschlossen so lange stehen läßt, bis sich ihr Inhalt vollkommen geklärt hat.

Die Klärung nimmt oft mehrere Tage in Anspruch und man kann meistens drei Schichten deutlich unterscheiden. Zu unterst lagert eine schleimige Schicht, welche aus Zell=substanz besteht, die von den flüssigen Körpern mitge=rissen wurde. Ueber dieser liegt eine klare Flüssigkeit, bestehend aus einer Lösung von Extractivstoffen, Pflanzen=Eiweiß und Salzen und auf dieser schwimmt als der specifisch leichteste Körper das ätherische Oel, welches sich durch sein höheres Lichtbrechungs=Vermögen scharf von der wässerigen Flüssigkeit unterscheiden läßt.

Man trennt dieses Oel von der Flüssigkeit auf die Weise, daß man alles, was ausgepreßt wird, in einer Flasche sammelt, welche nahe am Boden einen seitlichen Hals besitzt, der durch einen Hahn geschlossen ist. Nachdem die Sonderung des Oeles von der wässerigen Flüssigkeit erfolgt ist, läßt man durch Oeffnen dieses Hahnes die wässerige Flüssigkeit ablaufen, gießt wieder etwas Wasser nach, um Reste fester Stoffe zu entfernen und vereinigt schließlich mehrere Partien Oel in der Flasche.

Die ätherischen Oele, welche man auf diese Weise erhält, sind bei weitem noch nicht genügend rein, da in ihnen eine Menge dem freien Auge unsichtbarer Fäserchen von Pflanzentheilen schweben, die auch verursachen, daß das Oel nicht eine vollkommen durchsichtige und ganz klare Flüssigkeit bildet, sondern stets schwach opalisirend erscheint. Würde man jedoch das ätherische Oel in diesem Zustande aufbewahren wollen, so würde dasselbe in Folge der Zersetzung dieser Stoffe einen unangenehmen Nebengeruch erlangen.

Man hat nun zwei Wege, um das Oel ganz rein zu erhalten: den der Filtration und jenen der Destillation. Das Filtriren ist zwar jene Arbeit, welche die verhältniß= mäßig geringsten Kosten verursacht, allein es darf bei ätheri= schen Oelen nur unter Anwendung von besonderen Vor= sichtsmaßregeln ausgeführt werden, da die Einwirkung der Luft, respective des Sauerstoffes so viel möglich von dem Oele abgeschlossen werden soll, da sie nachtheilige Verän= derungen in den Eigenschaften desselben zur Folge hat.

Wenn man die Einrichtung des Filtrirapparates so trifft, daß das ätherische Oel immer nur mit derselben Luftmenge in Berührung kommt, so ist die nachtheilige Ein= wirkung des Sauerstoffes auf das geringst mögliche Maß reducirt und nicht störend. Es versteht sich von selbst, daß

Fig. 2.

man die Filtrirvorrichtung nicht in's directe Sonnenlicht setzen, sondern an einen schwach er= leuchteten kühlen Ort aufstellen wird.

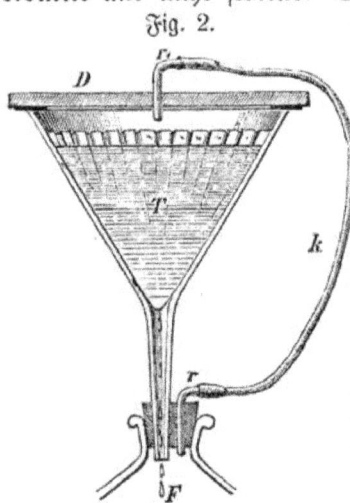

Figur 2 zeigt die Ein= richtung eines sehr einfachen, aber sehr praktischen Filtrir= apparates, welcher sich selbst für ziemlich subtile ätherische Oele verwenden läßt. Derselbe besteht aus einem großen Glas= trichter T, in welchem ein fächerartig gefalteter Trichter aus Fließpapier steckt. Dieser Trichter ist mittelst eines Korkes luftdicht in dem Hals einer Flasche F befestigt, welche zur Aufnahme des filtrirten Oeles dient. Der Kork, welcher den Flaschenhals verschließt, hat eine zweite Bohrung, in welcher ein rechtwinklig gebogenes Glasröhrchen r steckt, das durch einen Kautschukschlauch k mit einem zweiten Röhrchen r₁ verbunden ist, das in einen Deckel D eingepaßt ist, welcher auf dem Trichter liegt. Dieser Deckel, welcher aus einer dicken schweren Holzplatte angefertigt ist, wird an jenen Stellen, an welchen er auf dem Trichter aufliegt, des besseren Schlusses halber mit Kautschuk belegt.

Bei dieser Einrichtung des Filtrirapparates kann nur jenes Luftquantum, welches in der Flasche und im Trichter enthalten ist, auf das ätherische Oel einwirken; für jeden Tropfen des Oeles, der in die Flasche fällt, tritt etwas Luft durch den Kautschukschlauch in den Trichter.

Die zweite Methode, die gepreßten Oele vollständig zu reinigen, ist die der Rectification oder der Destillation mit Wasser. Man bringt zu diesem Zwecke das Oel mit etwas Wasser in einen der unten zu beschreibenden Destillirapparate und destillirt das Oel über. Es hat gewisse Schwierigkeiten, die letzten Partien des Oeles abzudestilliren, da, namentlich bei Anwendung von Destillirapparaten, welche auf einer directen Feuerung stehen, bei einiger Unvorsichtigkeit der Fall einteten kann, daß die festen in dem ätherischen Oele schwebenden Pflanzenstoffe an die Wandung des Destillirapparates anbrennen und dem Oele einen unangenehmen Nebengeruch ertheilen.

Es ist daher vorzuziehen, die letzten Partien des Oeles nicht zu destilliren, sondern dieselben mit einer neuen Menge von zu rectificirendem Oele zu vereinigen und bei einer neuen Operation mit zu benützen.

Bei solchen Pflanzenstoffen, welche fette Oele enthalten, werden dieselben gewöhnlich durch Pressung weggeschafft

und die Rückstände weiter verarbeitet. Es muß aber bei
dieser Art von Gewinnung des fetten Oeles die Vorsicht
eingehalten werden, daß die betreffenden Stoffe nur in ganz
trockenem Zustande angewendet werden und das Pressen ohne
besonderes Erwärmen ausgeführt wird, indem bei manchen
Pflanzenstoffen hier ganz besondere Verhältnisse walten. Da
wir noch eingehender auf diesen Gegenstand zurückkommen
müssen, so sei hier nur erwähnt, daß gewisse Pflanzenstoffe
zwar fettes Oel, aber kein ätherisches Oel enthalten und
letzteres erst in Folge eines eigenthümlichen chemischen
Processes, der aber die Mitwirkung von Wärme und Wasser
erfordert, vor sich geht.

Die bitteren Mandeln und die Senfsamen mögen hier
als Beispiel dienen; beide sind reich an fetten Oelen, welche
durch trockene kalte Pressung und Anwendung eines möglichst
hohen Druckes gewonnen werden können. Erst der harte feste
Rückstand, der sich in den Preßcylindern nach Abpressung
des fetten Oeles vorfindet, der sogenannte Preßkuchen kann
zur Gewinnung des ätherischen Oeles, das in diesem Falle
durch Destillation gewonnen wird, verwendet werden.

Die Methode der Pressung läßt sich leider nur bei
wenigen ätherischen Oelen durchführen, da sich nur sehr
weiche Pflanzenstoffe hierzu eignen, welche einen großen
Reichthum an ätherischem Oel besitzen. Pomeranzenschalenöl,
Citronenöl und einige wenige andere Oele werden auf diese
Weise dargestellt, und zwar benützt man in den südlichen
Ländern, wo man unmittelbar frische Schalen in Arbeit
nimmt, hierzu noch oft ganz unvollkommene Pressen mit
hölzernen Schraubenspindeln, welche nur einen geringen
Theil des überhaupt gewinnbaren Oeles aus den Schalen
herauszudrücken vermögen.

IX.

Die Darstellung der ätherischen Oele durch Destillation.

Die Methode, ätherische Oele durch Destillation darzustellen, ist schon eine sehr alte und finden wir hierüber
in alten medicinischen und chemischen Werken ausführliche
Mittheilungen; gegenwärtig wird diese Methode sehr häufig
angewendet und wird der größte Theil aller ätherischen
Oele, welche im Handel vorkommen, nach diesem Verfahren
bereitet.

Unter Destillation im allgemeinen versteht man bekanntlich die Verwandlung eines Körpers in Dampf und die
Wiederverdichtung des Dampfes. Ist der betreffende Körper
fest und geht er in Dampfform über, ohne vorerst flüssig
zu werden, und verwandelt sich der Dampf unmittelbar
wieder in einen festen Körper, so nennt man diese Art der
Destillation: Sublimation.

Die ätherischen Oele haben, wie schon erwähnt, die
Eigenschaft, sich mit Wasserdämpfen zu verflüchtigen und
zwar in so reichlichem Maße, daß man sie geradezu auf
diese Weise überdestilliren kann. Es ist dies Verhalten kein
solches, welches den ätherischen Oelen ausschließlich eigen
ist; wir kennen noch andere Substanzen, die ähnliche Eigenschaften haben.

Die Borsäure bietet ein interessantes Beispiel eines
derartigen Körpers dar; obwohl dieselbe so feuerbeständig
ist, daß sie sich bei den höchsten Temperaturen, welche wir

hervorzubringen vermögen, nicht verflüchtigt, geht sie dennoch
mit Wasserdämpfen in merklicher Menge über.

Es ist bei der Darstellung von ätherischen Oelen durch
Destillation Regel, dieselben immer unter Zuhilfenahme von
Wasser zu verflüchtigen, die Dämpfe des Oeles und des
Wassers gemeinsam zu verdichten und das Oel von diesen
zu trennen. Man kann die Destillation auf zweifache Art
vornehmen und zwar entweder auf die Weise, daß man die
betreffenden Pflanzenstoffe direct mit Wasser destillirt, oder
daß man unmittelbar Wasserdampf anwendet, welcher die
Oele mit sich nimmt, und mit ihnen gleichzeitig verdichtet
wird.

Das letztgenannte Verfahren ist das entschieden zweck-
mäßigere, da es bei demselben möglich ist, die Destillation
mit dem möglichst geringen Zeit- und Brennmaterial-Auf-
wande durchzuführen. Wir kennen nur wenige Apparate,
welche in der chemischen Technik angewendet werden, die
eine so große Mannigfaltigkeit in der Construction zeigen,
als gerade die Destillirapparate und die Fortschritte der
Technik bringen immer neue und verbesserte Constructionen
derselben hervor.

Diese complicirten Apparate haben aber nur für eine
gewisse Classe von Destillateuren Werth und Wichtigkeit,
und zwar für die Branntwein- und Spiritus-Fabrikanten,
welche durch diese Apparate in den Stand gesetzt sind, bei
einmaliger Destillation einen sehr hochgradigen und ganz
fuselfreien Weingeist herzustellen. Für den Fabrikanten ätherischer Oele haben derartige Apparate keinen Werth, da es
sich bei ihm nur darum handelt, das ätherische Oel einfach
zu verflüchtigen und den Dampf desselben zu verdichten.

Es können demnach bei der Fabrikation der ätherischen
Oele nur die einfachsten Destillirapparate angewendet werden;

sollte eine wiederholte Destillation des Oeles (eine Rectifi=
cation) nothwendig erscheinen, so wird das Oel wieder in
dem einfachen Apparate destillirt. Jeder Destillirapparat
besteht aus zwei Haupttheilen: dem Gefäße, in welchem die
betreffenden Körper verflüchtigt werden — dem eigentlichen
Destillirapparate, oder der Blase und der Vorrichtung, in
welcher die Dämpfe wieder verflüssigt werden — der Kühl=
vorrichtung oder dem Kühler. So complicirt auch die Ein=
richtung eines Destillirapparates sein mag, immer lassen
sich seine Bestandtheile auf diese beiden Haupttheile zurück=
führen.

Wir geben im nachstehenden die Beschreibung und
Abbildung jener Apparate, welche für unsere Zwecke von
Bedeutung sind und beginnen mit den älteren derselben, das
heißt mit jenen, bei welchen die Destillation unmittelbar
unter Anwendung von Wasser ausgeführt wird.

Der einfachste Destillirapparat, dessen Einrichtung aus
Figur 3 ersichtlich wird, hat die größte Aehnlichkeit mit

Fig. 3.

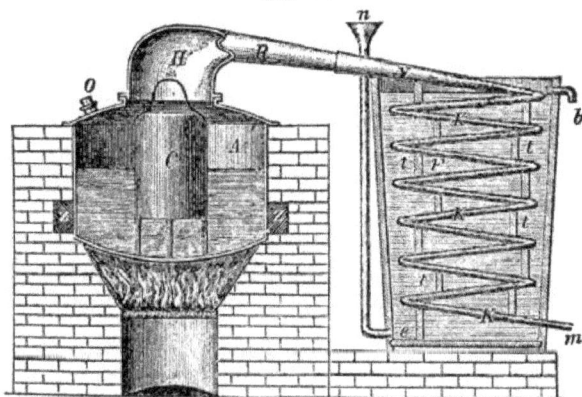

einer gewöhnlichen Branntweinblase. Das Destillirgefäß
oder die Blase A besteht aus einem kupfernen Cylinder,

welcher oben und unten von gewölbten Flächen abgeschlossen
wird, und so in einen Herd eingemauert ist, daß das Feuer
nicht nur den Boden der Blase bespült, sondern auch den
unteren Theil des Cylinders umgiebt, was durch die ent=
sprechend angebrachten Feuerzüge z z ermöglicht wird. An
der oberen Wölbung der Blase ist eine Oeffnung O ange=
bracht, die durch eine Schraube geschlossen werden kann und
zum Einbringen von Wasser dient.

Der Helm H, welcher mit dem Helmrohre R gewöhn=
lich aus einem Stücke verfertigt wird und aus Kupfer oder
Zinn bestehen kann, schließt das Destillirgefäß oben ab. Der
Helm ist entweder, wie dies bei dem vorliegenden Apparate
angenommen ist, blos auf die obere Oeffnung der Blase
aufgeschliffen, oder mittelst Schrauben dampfdicht auf der=
selben befestigt. Der Vorstoß V ist, wie aus der Abbildung
ersichtlich, ein schwach kegelförmiges Rohr, welches sich an
das Helmrohr und an das Kühlrohr K anfügt. Das Kühlrohr
besteht aus einem cylindrischen langen Rohre, welches in
Spiralwindungen und durch Stützen t getragen in einer
hölzernen Kufe steht und mit seinem unteren Ende m aus
derselben hervorragt. An dieser Kufe ist seitlich ein gerade
aufsteigendes Rohr e n befestigt; an der entgegengesetzten
Seite der Kufe befindet sich ein kurzes ebenfalls rechtwinklig
gebogenes aber kurzes Rohr b, welches in jener Höhe ein=
gesetzt ist, die der Wasserstand in der Kufe haben soll.

Bei der Destillation bringt man die Pflanzenstoffe in
die Blase, und füllt diese bis zu Dreiviertel ihrer Höhe mit
Wasser. Letzteres soll immer so hoch in der Blase stehen,
daß sein Spiegel über die Feuerzüge hinausreicht. Man
kann letztere übrigens auch so einrichten, daß sie durch einen
Schieber abgesperrt werden können und nur der Boden der
Blase allein erhitzt wird.

Die Dämpfe des Waſſers und des ätheriſchen Oeles
gelangen durch den Helm und den Vorſtoß in das Kühl=
rohr K. Letzteres iſt aber von kaltem Waſſer umgeben und
werden die Dämpfe auf dem langen Wege, den ſie durch
das Rohr zu machen haben, zur Flüſſigkeit verdichtet. Da
ſie hierbei ihre Wärme an das Waſſer im Kühlfaſſe ab=
geben, ſo würde dieſes ſehr bald ſo ſtark erhitzt werden, daß
die Dämpfe nicht mehr verdichtet, ſondern als ſolche aus
der Mündung des Kühlrohres entweichen würden.

Man verhindert dies dadurch, daß man das Waſſer
in dem Kühlapparate beſtändig erneut, was dadurch geſchieht,
daß man in das Rohr n e kaltes Waſſer einſtrömen läßt
welches das warmgewordene nach oben treibt, und das
Kühlrohr beſtändig umgiebt.

Wenn man Kräuter oder mehlige Körper in einem
derartigen Apparate deſtillirt, ſo kann es leicht geſchehen,
daß ſelbe auf dem Boden der Deſtillirblaſe feſtbrennen und dem
ätheriſchen Oele übelriechende Producte beigemengt werden.
Man hat verſchiedene Einrichtungen getroffen, um dieſem
Uebelſtande zu begegnen; die unvollkommenſte iſt die An=
bringung eines Rührapparates an der Blaſe, welcher während
der ganzen Arbeit durch einen Arbeiter in Bewegung er=
halten werden muß; zweckmäßiger iſt es, in die Blaſe einen
durchlöcherten Boden einzuſetzen, auf welchem man die
Pflanzenſtoffe ausbreitet. Dieſer Boden muß aber derart
eingeſetzt werden, daß er höher liegt, als die Feuerzüge.

Sehr praktiſch erweiſen ſich Körbe aus Siebblech oder
aus Drahtnetzen, wie C einen ſolchen darſtellt. Der Korb
beſitzt drei Füße und oben einen Bügel zum Herausheben
und wird mit den Pflanzenſtoffen gefüllt in die Blaſe ein=
geſtellt.

Wenn ſich auch derartige Apparate durch ihre einfache

Construction, die eine leichte Reinigung und Reparatur ge=
stattet, so wie durch geringe Anschaffungskosten sehr empfehlen,
so haften ihnen dennoch mehrere Uebelstände an. Es dauert
eine geraume Zeit, bis das Wasser in dem Apparate zum
Sieden gebracht wird und die Verflüchtigung der Dämpfe
gleichmäßig vor sich geht und man verliert eine bedeutende
Wärmemenge bei jeder Operation. Man unterbricht selbst=
verständlich die Arbeit, sobald das ätherische Oel vollkommen
abdestillirt ist; das in der Blase enthaltene Wasser ist aber
dann fast noch siedend heiß. Man kann bei Anwendung der
vorerwähnten Körbe diese Wärme wenigste⸱ s theilweise noch zu
gute machen, daß man den in der Blase befindlichen Korb
rasch gegen einen andern, welcher frische Pflanzenstoffe ent=
hält, auswechselt und die Destillation fortsetzt.

Bei Anwendung von Brunnenwasser kann der Fall
eintreten, daß man den Betrieb der Blase mitunter ganz
einstellen muß, um die Kruste von Kesselstein, welche sich in
derselben angesetzt hat, zu entfernen.

Für Versuchszwecke, bei denen es sich z. B. darum
handelt, die Percentmenge, welche ein gewisser Pflanzenstoff
an ätherischem Oel liefert, genau festzustellen, oder um das
flüchtige Oel aus sehr kostbaren Pflanzenstoffen zu gewinnen,
werden kleine aus Glas gefertigte Apparate verwendet, welche
die aus Figur 4 ersichtliche Einrichtung haben.

Als Destillirgefäß dient bei demselben eine Retorte A,
welche Blase und Helm in einem Stücke enthält und deren
Fassungsraum bis zu zehn Litern gehen kann. In einer
Tubulatur t, welche die Form eines Flaschenhalses hat, ist
mittelst eines Korkes ein bis auf den Boden der Retorte
reichendes Trichterrohr l eingesetzt, durch welches man das
Wasser zugießt. Der Retortenhals schließt sich an den Vor=
stoß des Kühlrohres r an, welches in einem sogenannten

Liebig'schen Kühler liegt. Dieser besteht aus einem weiten
Glasrohre C, in welches am unteren Ende bei h kaltes
Wasser aus dem Behälter D einfließt und das warmgewor-
dene bei g verdrängt. Das untere Ende des Kühlrohres r

Fig. 4.

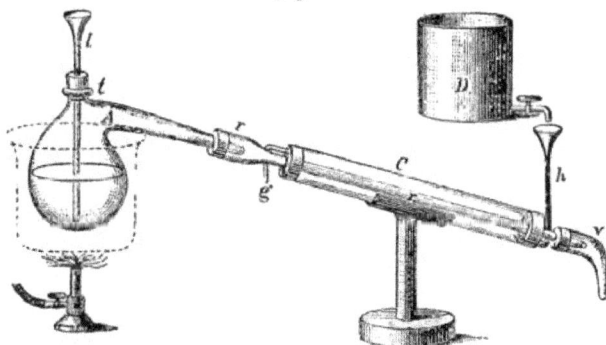

steht mit dem Vorstoße v in Verbindung, unter welchen
das zum Auffangen des Destillates bestimmte Gefäß gesetzt
wird. Um das bei Anwendung von freiem Feuer leicht ein-
tretende Springen der gläsernen Retorten zu verhüten, setzt
man dieselben in ein mit Wasser oder Sand gefülltes Blechgefäß ein, welches unmittelbar erhitzt wird.

Die vollkommenste Methode, ätherische Oele durch
Destillation herzustellen, ist entschieden jene, bei welcher die
Pflanzenstoffe nur mit Wasserdampf in Berührung kommen.
Je nachdem man einen besonderen Dampfkessel zur Ver-
fügung hat oder nicht, besitzen die betreffenden Apparate eine
verschiedene Einrichtung.

Die umstehende Abbildung Fig. 5 zeigt, auf welche
Weise man einen gewöhnlichen Destillirapparat zur Dampf-
destillation einrichten kann. Man setzt auf die Blase A anstatt
des Helmes ein Gefäß B auf, welches aus einem Cylinder
und zwei angesetzten Kegeln besteht. Von dem oberen Kegel

führt eine Röhre R in das Kühlrohr. Wie aus dieser Con=
struction zu entnehmen ist, dient die Destillirblase eigentlich

Fig. 5.

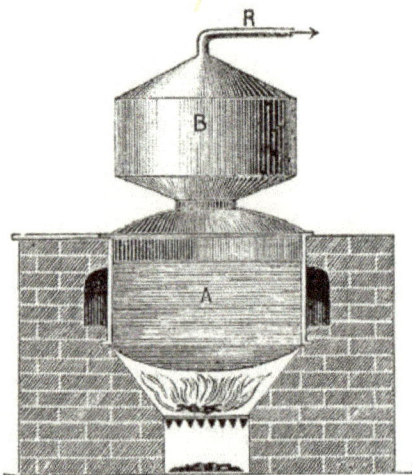

hier nur als Dampf=
Erzeuger; die Wasser=
dämpfe strömen durch
das Gefäß B, erwärmen
die daselbst inliegenden
Pflanzenstoffe und füh=
ren die ätherischen Oele
mit sich fort. Das
Durchfallen der Pflan=
zenstoffe in die Blase
wird einfach durch ein
Drahtnetz verhindert,
welches man über die
untere Oeffnung des
Gefäßes B spannt.

Schon diese einfache Modification des Destillirappa=
rates bietet viele Vortheile dar; der wesentlichste derselben
ist der, daß man nicht eine sehr bedeutende Wassermenge
nebst dem ätherischen Oele zu verdichten hat. Dem Anscheine
nach ist es ziemlich gleichgiltig, ob man eine etwas größere
oder geringere Menge von Wasser zu verdichten hat; wenn
es hiebei nur auf die geringe Quantität von Kühlwasser
ankäme, welche man anwenden muß, so wäre dieselbe in der
That nicht weiter zu beachten.

Es fällt aber hier ein anderer Umstand in's Gewicht:
Die ätherischen Oele sind zwar in Wasser nur wenig lös=
lich, aber sie sind dennoch löslich und zwar in solchem
Grade, daß sie dem Wasser ihren specifischen Geruch und
Geschmack mittheilen. Der Liqueur= und Parfum=Fabrikant
hat für diese Wässer, welche man aromatisirte Wässer nennt,

in den meisten Fällen eine genügende Verwendung, nicht aber der Fabrikant, welcher sich blos auf die Darstellung der ätherischen Oele als solcher beschränkt.

Letzterem muß es daher ganz besonders daran gelegen sein, nur gerade so viel Wasser mit den ätherischen Oelen zu verdichten, als absolut nothwendig ist und wird er aus diesem Grunde der Dampf=Destillation den Vorzug geben. Es ist leicht einzusehen, daß von Dampf, welcher eine höhere Temperatur besitzt, als ein anderer, weniger nothwendig sein wird, als von einem solchen, welcher gerade nur 100 Grade, die Siedhitze des Wassers besitzt, um eine gegebene Menge von ätherischem Oel zu verflüchtigen. Man wird also bei Anwendung von heißem Wasserdampf die Destillation nicht nur sehr rasch, sondern auch mit wenig Verlust an ätherischem Oel, welches von dem Wasser gelöst wird, aus= führen können.

Bekanntlich vermag man den Wasserdampf nur dann auf eine Temperatur zu bringen, welche höher liegt als 100 Grade C., wenn man den auf dem erhitzten Wasser lastenden Druck vergrößert, das heißt, das Erhitzen des Wassers in einem Dampfkessel vornimmt.

Für eine rationell arbeitende Fabrik ätherischer Oele ist gegenwärtig ein Dampfkessel geradezu unentbehrlich, indem man nur durch Benützung eines solchen im Stande ist, in kurzer Zeit rasch eine bedeutende Oelmenge herzu= stellen. Man kann die Dampfspannung in dem Kessel sogar ziemlich hoch gehen lassen, bevor man die Destillation beginnt.

Die Einrichtung der Apparate ist nämlich stets eine solche, daß der Dampf durch die Pflanzenstoffe streichen muß, um aus ihnen das Oel fortzunehmen. Hierbei wird der Dampf namentlich Anfangs so stark abgekühlt, daß er

zu Wasser verdichtet wird. Erst, wenn die Pflanzenstoffe bis
auf die Siedehitze des Wassers erwärmt sind, beginnt die
Destillation des Oeles.

Nimmt man besonders heißen Dampf, so wird hier=
durch begreiflicher Weise dieser Zeitraum bedeutend abgekürzt,
die Pflanzenstoffe werden rasch erwärmt und das verdichtete
Wasser rasch wieder in Dampf verwandelt. Zeigt sich ein=
mal ätherisches Oel an der Mündung des Kühlrohres, so
läßt sich die Kühlung leicht derart reguliren, daß man selbst
bei Anwendung eines sehr kräftigen Stromes von heißem
Dampf alles ätherische Oel in kurzer Zeit abdestillirt hat.

Zeigt eine für sich aufgefangene Probe des Destillates
die Beendigung der Arbeit an, so sperrt man den Dampf=
zufluß ab, öffnet den Destillirapparat und entfernt die
ausgenützten Pflanzenstoffe. Wenn man die Einrichtung ge=
troffen hat, daß die Pflanzenstoffe in Cylindern aus Draht=
geflecht liegen, so läßt sich innerhalb einiger Minuten ein

Fig. 6.

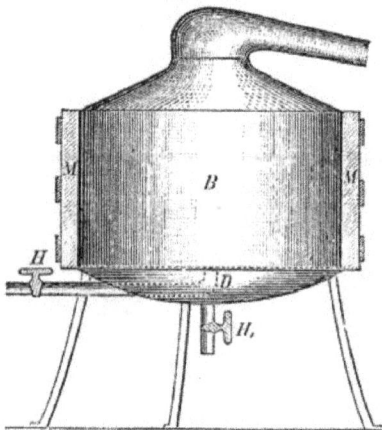

Cylinder mit ausgenütztem
Inhalt durch einen frisch
gefüllten ersetzen und kann
die Destillation ohne Zeit=
verlust wieder fortgesetzt
werden. Die nebenstehende
Abbildung Figur 6 zeigt die
Einrichtung eines Destillir=
Apparates, bei welchem
direct Wasserdampf, der
in einem besonderen Dampf=
kessel erzeugt wird, zur
Anwendung kommt.

Die Destillirblase B, welche mit einem Helme und
Helmrohre versehen ist, ruht frei auf einem passenden

Gestelle; um die Abkühlung derselben hintanzuhalten ist sie außen von einem Mantel M umgeben, welcher aus dicken Holzbohlen hergestellt wird. Ueber dem gewölbten Boden der Blase liegt ein sogenannter falscher Boden, welcher siebartig durchlöchert ist, und auf den die zu destillirenden Pflanzenstoffe zu liegen kommen. Das Rohr H D, welches den Dampf aus dem Dampfkessel zuführt, mündet unmittel= bar unter diesem Siebboden. Der gleichmäßigen Vertheilung des Dampfes wegen empfiehlt es sich, dieses Rohr in einer Spirale laufen zu lassen, welche oben durchlöchert ist. Ein an der tiefsten Stelle der Destillirblase angebrachtes, kurzes Rohr H₁ gestattet, das in dem Apparate selbst verdichtete Wasser nach Beendigung der Operation abzulassen.

Die Dimensionen, welche man dem Destillirapparate giebt, sind verschiedene, je nach der Größe der Fabriks= anlage, doch geht man nur selten über gewisse Dimen= sionen hinaus und werden Destillirblasen mit über zwei Meter Durchmesser nur selten angewendet.

Es ist hier der Ort einiges über die Form der Destillirblasen zu sagen. Man findet viele derartige Con= structionen, bei welchen das eigentliche Destillirgefäß einen Cylinder darstellt, welcher höher ist als sein Durchmesser; bisweilen wendet man selbst Cylinder an, welche noch ein= mal so weit als hoch sind. Eine einfache Betrachtung zeigt, daß eine derartige Construction nicht richtig ist. Es handelt sich nämlich darum, eine gewisse Menge von Pflanzenstoffen rasch zu erhitzen und gewisse Bestandtheile derselben, die ätherischen Oele schnell verdampfen zu machen. Wenn man den Pflanzenstoffen die Form eines hohen schmalen Cylin= ders giebt, so wird es geraume Zeit dauern, bis auch die oberen Partien der Pflanzenstoffe so weit erwärmt sind, daß die Destillation beginnt und wird aller einströmende

Dampf lange Zeit hindurch in der Blase selbst condensirt werden.

Giebt man der Destillirblase hingegen einen großen Durchmesser, aber nur eine geringe Höhe, so läßt sich eine große Quantität von Pflanzenstoffen in einer dünnen Schichte ausbreiten, welche von dem einströmenden Dampfe durchwärmt wird und rasch so weit erhitzt ist, daß die Destillation sehr bald beginnt.

Die Dampf=Destillirblasen haben gewöhnlich die Ein= richtung, daß an ihnen eine Oeffnung angebracht ist, deren Durchmesser so groß ist, um einem Manne das Durch= kriechen zu gestatten. Man nennt dieselbe daher auch das Mannsloch. Das Mannsloch dient dazu, die Blase nach beendeter Destillation zu entleeren und wird während der Arbeit durch eine aufgeschliffene Platte mittelst einiger Schrauben luftdicht geschlossen.

Wenn man, wie es doch rationell ist, den Apparat auch in Bezug auf die Zeit vollständig ausnützen will, empfiehlt es sich, eine etwas geänderte Einrichtung anzu= wenden, und den ganzen oberen Theil der Destillirblase beweglich zu machen, derart, daß der Helm sammt dem oberen Gewölbe der Blase abgehoben werden kann. Die Dichtung erfolgt leicht dadurch, daß man zwischen den Helm und den oberen Rand der Blase einen Kautschukring legt. Meistens ist schon das Gewicht des Helmes genügend, um einen dampfdichten Schluß herbeizuführen; sollte dies nicht der Fall sein, so läßt sich der Schluß leicht durch einige Schrauben herbeiführen.

Wenn man die zu destillirenden Stoffe in die schon erwähnten Körbe aus Drahtgeflecht bringt, so läßt sich der Apparat innerhalb weniger Minuten entleeren und neu be= schicken; man hebt mittelst eines kleinen Krahnes den Helm ab, ersetzt den Korb durch einen neuen und bringt den Helm sofort wieder an seine Stelle. Wenn die Verbindung des Helmrohres mit dem Kühlrohre durch einen starken Kautschukschlauch hergestellt ist, so braucht diese Verbindung gar nicht gelöst zu werden.

Wie erwähnt wurde, ist es angezeigt, ziemlich hoch gespannte Wasserdämpfe zur Destillation zu verwenden; man geht in der Praxis jedoch nur selten über vier Atmosphären Dampfspannung hinaus, da man sonst den Apparaten eine besonders feste Bauart geben müßte, um das Schadhaftwerden in Folge des hohen Druckes zu vermeiden.

Man hat auch Versuche angestellt, die Destillation der ätherischen Oele aus den Pflanzenstoffen ohne Anwendung von Dampf mittelst heißer Luft zu bewerkstelligen. Vergleichende Versuche zwischen beiden Destillationsverfahren haben aber gezeigt, daß bei der Destillation mit Luft weniger Oel gewonnen wird, als bei Anwendung von Dampf.

Wenn man Dampf benützt, so quellen die Pflanzentheile durch das aufgenommene Wasser auf und gestatten dem aus den Oelbehältern abdestillirenden Oele freien Durchgang. Wendet man hingegen heiße Luft an, so trocknet zuerst die Oberfläche der Pflanzentheile vollständig ein, zieht sich zu einer harten festen Masse zusammen, welche dem Abdestilliren des ätherischen Oeles bedeutenden Widerstand leistet.

Man kann diese nachtheilige Wirkung der heißen Luft dadurch abschwächen, daß man die zu destillirenden Pflanzenstoffe stark befeuchtet und die heiße Luft vor dem Eintritt in die Destillirblase durch ein Rohr streichen läßt, welches mit Badeschwämmen gefüllt ist, die stets feucht

erhalten werden. Es bietet dieses Verfahren dem mit Hilfe
von Dampf keinerlei Vortheil dar und ist der Apparat
überdies ein complicirterer, da nebst der Erhitzungsvorrich=
tung für die Luft auch noch ein Ventilator vorhanden sein
muß, welcher die heiße Luft durch den Apparat treibt.

X.

Die Trennung des Oeles von dem Wasser bei der Destillation.

Es wurde schon erwähnt, daß die Mehrzahl der äthe=
rischen Oele ein geringeres specifisches Gewicht habe, als
das Wasser; man benützt dieses Verhalten zur Trennung
des Wassers von dem Oele und wendet hierbei einen Appa=
rat an, welcher eine solche Einrichtung besitzt, wie sie aus
Figur 7 ersichtlich wird.

Man nennt diesen Apparat die Florentiner=Flasche,
wahrscheinlich darum, weil sie von florentinischen Destilla=

Fig. 7.

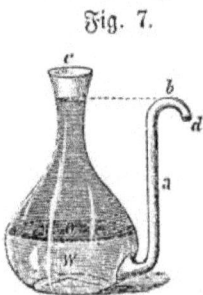

teuren zuerst angewendet und von da aus
bekannt wurde. Sie besteht in ihrer ein=
fachsten Form aus einer Glasflasche, an
welcher nahe am Boden ein Rohr a be=
festigt ist, welches vertical bis nahe zur
Mündung c der Flasche emporsteigt und
sich dort umbiegt, wie aus der Abbildung
ersichtlich ist.

Die Flasche wird unter die Mün=
dung des Kühlrohres gesetzt, aus welcher ein Gemisch von

Oeltropfen und Wasser ausfließt. Das Wasser W, als der specifisch schwerere Körper, scheidet sich unter dem oben aufschwimmenden Oele aus und steigt auch nach dem Gesetz der communicirenden Gefäße in dem Seitenrohre immer höher. Sobald die Oelschichte in der Flasche eine entsprechend hohe geworden und das Wasser bis b gestiegen ist, beginnt letzteres durch den Druck des nachströmenden Oeles bei d abzufließen, so daß allmälig die ganze Flasche mit ätherischem Oel gefüllt wird.

Die Zeit, während welcher das Wasser und das Oel in der Flasche verweilen, ist aber nicht genügend lang, um eine vollständige Trennung des Oeles von dem Wasser zu bewirken; aus dem Wasser, welches aus der Florentiner-flasche abläuft, scheidet sich bei längerem Stehen noch Oel aus. Man setzt daher unter die Oeffnung d der ersten Florentiner-Flasche die Mündung einer zweiten größeren; bei Oelen, deren Dichte nur um ein sehr geringes von jener des Wassers verschieden ist und bei welchen daher die Trennung nur langsam erfolgt, ist sogar bisweilen noch eine dritte Flasche erforderlich.

Das aus der ersten Flasche abfließende Wasser verweilt in der zweiten durch etwas längere Zeit und setzt daselbst Oel ab; der gleiche Vorgang wiederholt sich in der dritten Flasche.

Für die Arbeit im Großen sind die Florentiner-Flaschen, welche ganz aus einem Stücke bestehen, weniger zu empfehlen, und verwenden wir solche von etwas abgeänderter Form, die aus umstehender Figur 8 ersichtlich wird. — Dieselbe ist ein Glascylinder, welcher oben und unten kegelförmig zuläuft, oben offen, unten aber durch einen eingeschliffenen Glashahn geschlossen ist. Man schließt den Hahn und öffnet ihn erst dann, wenn das Oel in der

Fig. 8.

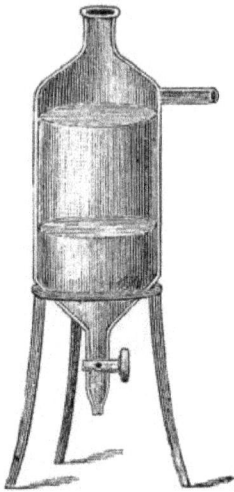

Flasche bis nahe zum oberen Rand des Halses derselben ge=stiegen ist.

Der gleiche Apparat kann auch zur Trennung des Wassers von solchen Oelen benützt wer=den, welche specifisch schwerer als Wasser sind; das Oel sam=melt sich unten, das Wasser oben an. Da aber in der Regel weit mehr Wasser überdestillirt als Oel, so würden selbst große derartige Apparate in kurzer Zeit gefüllt sein; man bringt daher an den Flaschen ein enges Seitenrohr an, welches in der Abbildung ersichtlich gemacht ist und läßt durch dieses den Ueber=schuß an Wasser beständig ab=fließen.

Fig. 9.

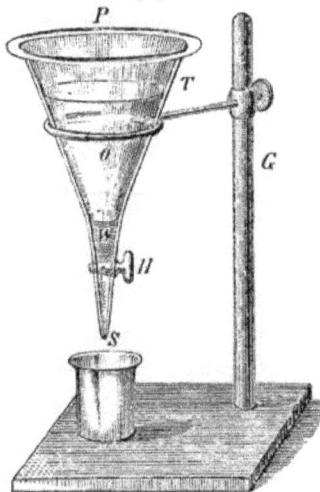

Das in der Florentiner=Flasche angesammelte Oel ist noch mit etwas Wasser gemischt; um es von diesem ganz zu trennen, bedient man sich des Scheidetrichters, welcher in Fig. 9 abgebildet erscheint. Derselbe be=steht aus einem Glastrichter T, der von einem Stativ G getra=gen wird. Unten ist der Trichter in eine feine Spitze S ausgezogen und auf seiner oberen

Oeffnung liegt eine aufgeschliffene Glasplatte P. Ein genau eingeschliffener Glashahn H verhütet das Ausfließen des Trichter-Inhaltes.

Man gießt die zu scheidende Flüssigkeit in den Trichter, bedeckt diesen und überläßt das Ganze sodann der Ruhe, bis sich das Wasser W vollkommen von dem Oele O ge= schieden hat. Durch vorsichtiges Oeffnen von H kann man auch den letzten Wassertropfen von dem Oele trennen.

Die Destillation mit Dampf, noch mehr aber die mit Wasser selbst, ist mit dem Uebelstande verbunden, daß man an Oel verliert, welches von dem Wasser aufgelöst wird. Man kann bei der Destillation mit Wasser diesen Verlust dadurch vermindern, daß man das aromatisirte Wasser zur Destillation neuer Mengen der gleichartigen Pflanzenstoffe verwendet; das mit ätherischem Oele gesättigte Wasser vermag nichts weiter mehr aufzulösen.

Bei dem Schimmel'schen Patent=Destillirapparate ist der Verlust an Oel, der durch Lösung desselben in Wasser bedingt wird, auf sinnreiche Art umgangen und dieser Apparat daher sehr zu empfehlen. Umstehende Figur 10 zeigt die Einrichtung desselben.

Das Destillirgefäß D ist nahezu kugelförmig und in seinem unteren Theile von einem ebenfalls gewölbten Mantel M umgeben. Das Rohr R, durch welches vom Dampfkessel her Dampf zugeleitet wird, hat ein Ansatzstück r. Dieses führt in das Innere der Blase selbst, und geht dort in eine Spirale über, welche an ihrer Oberfläche mit Löchern versehen ist. Das Rohr R selbst steht mit dem Raume M in Verbindung. Diese Einrichtung gestattet eine beliebige Heizung des Apparates; läßt man den Dampf durch Oeffnen des an r angebrachten Hahnes in die

Spirale treten, so wird man direct mit Dampf destilliren können. Schließt man hingegen diesen Hahn und läßt den

Fig. 10.

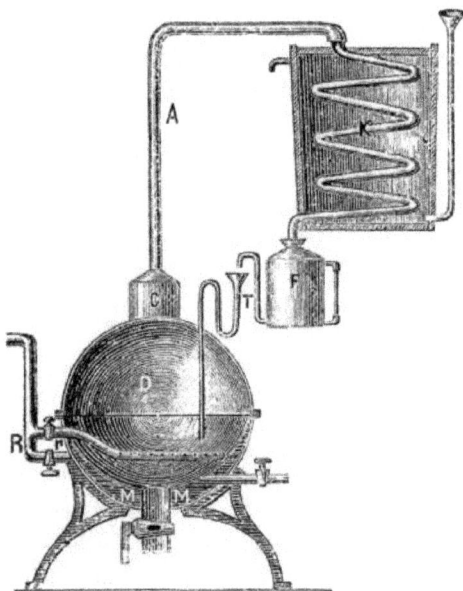

Dampf in den Raum zwischen der Blase und deren Mantel treten, so kann man indirect mit Dampf destilliren; öffnet man endlich beide Hähne, so wirkt der Dampf in der Blase selbst und an deren unterer Fläche.

Auf der oberen Wölbung der Blase ist ein cylindrischer Aufsatz C angebracht, der in das Rohr A übergeht und mit der Kühlschlange K verbunden ist. Die Flüssigkeiten, welche sich in dieser verdichten, gelangen in eine aus Blech angefertigte und mit einem Wasserstands-Anzeiger versehene Florentiner-Flasche F. Diese steht mit einem sogenannten Welter'schen Trichter T in Verbindung, der in der Blase angebracht ist.

Die Function des Apparates ist nun folgende: Aus der Blase erheben sich Dämpfe von Wasser und ätherischem Oel, welche in der Kühlschlange gemeinschaftlich verdichtet werden und aus dieser in die Florentiner-Flasche gelangen. Das aus dieser austretende Wasser, welches noch bedeutende Quantitäten von Oel gelöst enthält, gelangt aber, wie aus

der Zeichnung ersichtlich ist, sogleich wieder in die Destillir=
blase, so daß man mit einer ganz kleinen Wassermenge im
Stande ist, eine sehr bedeutende Quantität Oel abzudestil=
liren. — Wenn alles Oel aus dem Rohmateriale entfernt
ist, gewinnt man noch zum Schlusse alles ätherische Oel,
welches in dem Wasser gelöst ist; man erhitzt nämlich
so lange fort, bis das · aus der Kühlschlange ablaufende
Wasser ganz geruchlos wird.

Inn dieser Form läßt sich der Apparat nur für Dampf=
Destillationen bei gewöhnlichem Druck verwenden; würde
man stärker gespannten Dampf benützen, so wäre ein Aus=
treten desselben aus dem Trichterrohre T die Folge davon.
Es ist aber nicht schwierig, diesem Uebelstande abzuhelfen.
Man braucht blos an dem Trichterrohre T zwei Hähne und
zwischen diesen ein Gefäß anzubringen, welches etwa dop=
pelt so groß ist, als die Florentiner=Flasche. Man schließt
während der Destillation den unteren Hahn des Trichters,
indeß der obere geöffnet ist. Sobald das Gefäß an dem
Trichter nahezu gefüllt ist, schließt man den oberen Hahn,
öffnet den unteren und läßt den Inhalt des Gefäßes in
die Blase fließen, worauf man die Hähne wieder in die
frühere Stellung bringt.

Das Füllen der Blase geschieht von oben her durch
eine weite Oeffnung, die durch eine aufgeschraubte Platte
geschlossen wird; das Entleeren erfolgt entweder auch durch
diese Oeffnung oder durch einen am unteren Theile der
Blase angebrachten weiten Hahn.

Abgesehen davon, daß die Anwendung eines stärker
gespannten und in Folge dessen heißeren Dampfes natur=
gemäß einen rascheren Verlauf der Destillation bedingt,
bewirkt höher gespannter Dampf auch eine etwas größere
Ausbeute an Oel, eine Erscheinung, deren Erklärung darin

5 *

zu suchen ist, daß durch den heißen Dampf ein sehr voll=
ständiges Aufquellen der Pflanzentheile erfolgt und darum
das Oel vollständiger abdestillirt wird.

Wie langsam das Abdestilliren des Oeles aus ziemlich
festen Pflanzentheilen, z. B. aus Hölzern, vor sich geht,
ist leicht ersichtlich zu machen, wenn man Holz, das ätheri=
sches Oel enthält, nur in etwas größeren Stücken der
Destillation unterwirft. Nach stundenlangem Erhitzen findet
man mit dem Mikroskope noch eine große Anzahl gefüllter
Oelbehälter im Innern des Holzes vor.

Läßt man jedoch stark gespannten Wasserdampf auf
nur mäßig verkleinertes Holz wirken, so genügt eine kurze
Berührung mit diesem, um dem Holze das ätherische Oel
sehr vollständig zu entziehen. — Uebrigens empfiehlt es sich,
auch bei Anwendung von stärker gespanntem Dampf das
Holz in möglichst verkleinertem Zustande anzuwenden; die
hierdurch erwachsenden Kosten werden durch eine kurze
Destillationsdauer und reichliche Ausbeute wieder herein
gebracht.

XI.

Darstellung der ätherischen Oele durch Extraction.

Die ätherischen Oele lösen sich, wie schon angeführt
wurde, in verschiedenen Flüssigkeiten auf. Besonders leicht
geht die Lösung in Aether, Chloroform, Schwefelkohlenstoff
und Petroleum=Aether von statten. Da alle hier genannten
Flüssigkeiten einen Siedepunkt haben, der noch weit unter

dem des Wassers liegt, so lassen sie sich auf ausgezeichnete Weise zur Gewinnung der ätherischen Oele verwenden. Das Verfahren hierbei ist in kurzem Folgendes: Man stellt sich durch passendes Behandeln der Pflanzenstoffe mit einem der genannten Lösungsmittel eine Lösung des ätherischen Oeles dar und trennt das flüchtige Lösungsmittel durch Abdestilliren von dem ätherischen Oele, welches als weit schwerer flüchtiger Körper in dem Destillirgefäße zurückbleibt.

In der Praxis ist jedoch diese Darstellung der ätherischen Oele nicht auf ganz so einfache Weise durchzuführen, wie es hier angegeben wurde, indem durch die Lösungsmittel nebst dem ätherischen Oele auch noch Harze, sowie Farb- und Extractivstoffe aufgelöst werden, welche man entfernen muß; auch ist es nothwendig, ein gewisses Verfahren einzuschlagen, um die letzten Reste des Lösungsmittels zu entfernen, welche dem Oele einen fremdartigen Geruch ertheilen würden.

Ehe wir an die Beschreibung des Verfahrens selbst gehen, ist es nothwendig, einige Worte über die Eigenschaften der Lösungsmittel selbst anzuführen. Alle oben genannten Stoffe sind außerordentlich flüchtig und sehr leicht entzündlich. Diese Eigenschaften erfordern offenbar die größte Vorsicht mit Feuer in jenen Räumen, in welchen mit diesen Körpern gearbeitet wird. Es muß mit der größten Strenge darauf gesehen werden, daß in solchen Räumen nie ein Licht gebrannt, nicht einmal ein Zündhölzchen angezündet werde, da es sich bei noch so sorgfältiger Construction der Apparate und dichtem Verschluß der Gefäße doch nie vollkommen verhüten läßt, daß nicht geringe Mengen der brennbaren Dämpfe in die Luft gelangen, welche sich an der Flamme entzünden könnten.

Der Aether (im Handel auch Schwefeläther, Aether sulphuris genannt) siedet schon bei 36 Graden Celsius (es sei hier bemerkt, daß alle Temperaturangaben in diesem Werke nach dem hunderttheiligen Thermometer gemacht sind) und würde in Folge dieses sehr nieder liegenden Siedepunktes wohl das geeignetste unter allen Extractionsmitteln sein, wenn es nicht zu hoch im Preise stünde.

Das Chloroform, eine angenehm riechende und betäubend wirkende Flüssigkeit, welche bei 65 Graden siedet, besitzt zwar ein sehr großes Lösungsvermögen für ätherische Oele, kommt aber im Handel häufig etwas säurehältig vor, und würde dann das Metall der Destillirapparate angreifen; das erhaltene ätherische Oel müßte durch eine besondere Destillation von der beigemengten Metallverbindung befreit werden.

Der Schwefelkohlenstoff (Alcohol sulphuris) bildet eine wasserhelle Flüssigkeit, welche das Licht sehr stark bricht, schwerer als Wasser ist, giftige Eigenschaften, einen eigenthümlichen, unangenehmen Geruch besitzt und bei 45 Graden siedet. Da der Schwefelkohlenstoff ein treffliches Lösungsmittel für Fette, Harze und Kautschuk ist, so wird er in großem Maßstabe dargestellt und kommt zu billigen Preisen in den Handel. Bei Verwendung von Schwefelkohlenstoff hat man besonders darauf zu achten, daß derselbe keinen unverbundenen Schwefel enthalte.

Der Petroleumäther ist ein seit der allgemeinen Einführung des Petroleums als Beleuchtungsmateriale jener Körper, welcher die vorgenannten als Lösungsmittel vielfach verdrängt hat, da er ihnen an Lösungsfähigkeit mindestens gleichkommt, sie aber an Billigkeit weit übertrifft.

Der Petroleumäther wird aus dem rohen Petroleum auf die Weise hergestellt, daß man dieses in großen

Destillirapparaten auf 45 Grade erhitzt und die bei dieser Temperatur flüchtigen Kohlenwasserstoffe verdichtet, den Rück= stand in den Retorten aber als Brennmateriale in den Handel bringt. Reiner Petroleumäther ist wasserhell, von starkem dem Benzine ähnlichen Geruche und siedet bei 45 Graden.

Schwefelkohlenstoff und Petroleumäther sind eigentlich jene Lösungsmittel, welche gegenwärtig fast ausschließlich zur Extraction der ätherischen (und auch fetter) Oele ver= wendet werden, da sie dasselbe leisten wie Aether und Chloroform, ohne so hoch im Preise zu stehen wie diese.

Man verwendet in manchen Fabriken sehr complicirte Apparate zur Extraction der ätherischen Oele. Es ist aber eine bekannte Sache, daß ein Apparat um so schwieriger zu handhaben ist, je complicirter man ihn einrichtet und daß es auch verhältnißmäßig schwer hält, denselben voll= kommen hermetisch abzuschließen. Letzteres ist aber gerade bei Extractionsapparaten ein sehr wichtiger Factor, indem es sich nicht blos darum handelt, den Apparat nicht feuer= gefährlich zu machen und die zur Extraction verwendete Flüssigkeit möglichst vollständig wieder zu gewinnen.

Wir empfehlen daher die complicirten Apparate nicht und zwar um so weniger, als man mit Hilfe ganz einfach gebauter Apparate den angestrebten Zweck, die ätherischen Oele vollständig in Lösung zu bringen, auch erreichen kann.

Um Extractionen im Kleinen auszuführen, bedient man sich des in umstehender Figur 11 abgebildeten Appa= rates, welchen man aus verzinntem Eisenblech oder aus Zinkblech anfertigen kann und der ganz besonders für Parfu= meure oder Liqueurfabrikanten geeignet ist, welche frische, duftende Blüthen, die nur in beschränktem Maße zur Ver= fügung stehen, zu extrahiren wünschen.

Derselbe besteht aus einem cylindrischen Gefäße C, das unten durch einen Hahn a sperrbar und an welchen ein Rohr b angesetzt ist. Um den Apparat während der Extraction luftdicht zu schließen, ohne Schrauben anwenden zu müssen, bedienen wir uns eines hydraulischen Verschlusses für denselben. Wie aus der Abbildung ersichtlich, läuft um den Rand des Cylinders C eine Rinne R, in welche der Deckel D einpaßt. Wenn man letzteren aufsetzt und die Rinne mit Wasser füllt, so ist hierdurch der Cylinder C vollkommen luftdicht abgeschlossen.

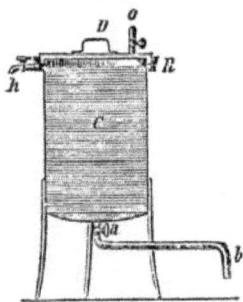

Fig. 11.

Um mit diesem Apparate zu arbeiten, füllt man ihn mit den betreffenden Pflanzenstoffen, übergießt diese rasch mit so viel Petroleumäther oder Schwefelkohlenstoff, daß die Pflanzenstoffe davon bedeckt sind, setzt den Deckel auf, füllt die Rinne R mit Wasser und läßt den Apparat 30 bis 40 Minuten ruhig stehen. Um die Flüssigkeit aus dem Gefäße entfernen zu können, öffnet man zuerst den am Deckel angebrachten Hahn o, sodann den unteren Hahn a, worauf die Lösung bei b ausfließt und sogleich in gut schließbaren Gefäßen aufgefangen wird. Man kann die Operation ein- oder zweimal wiederholen, oder man preßt die Pflanzenstoffe durch eine eingelegte Holzplatte aus und füllt den Apparat von neuem. — Der Hahn h dient zum Entleeren der Rinne R.

Bei Anwendung dieses Apparates benöthigt man eine verhältnißmäßig große Quantität des Lösungsmittels, um alles vorhandene ätherische Oel in Lösung zu bringen und erfordert die ganze Extraction, wegen des wiederholten

Aufgießens neuer Flüssigkeitsmengen ziemlich viel Zeit. Man hat daher Extractions-Apparate construirt, welche so eingerichtet sind, daß nur eine gewisse Menge des Lösungsmittels verwendet wird, um die Pflanzenstoffe zu extrahiren, daß aber das Lösungsmittel, sobald es eine Partie des Oeles in Lösung gebracht hat, sogleich wieder von diesem getrennt wird und neue Mengen von ätherischem Oele auf=

Fig. 12.

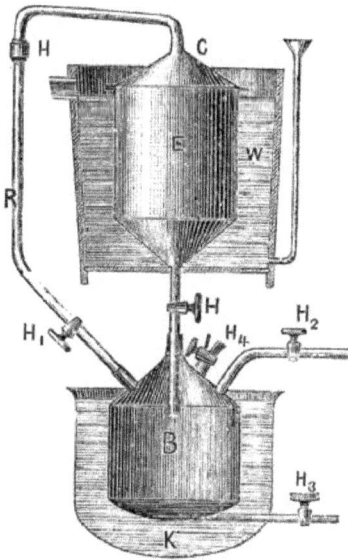

zulösen vermag. Figur 12 zeigt die Einrichtung eines derartigen Apparates.

Derselbe besteht aus zwei Haupttheilen: aus dem eigentlichen Extractionsgefäße E und der Blase B. Das Extractionsgefäß ist in eine Kufe eingesetzt, welche kaltes Wasser W enthält und die Einrichtung besitzt, daß man das erwärmte Wasser aus derselben wegschaffen und durch kaltes ersetzen kann. Die Blase sitzt in einem Kessel K, welcher mit erwärmtem Wasser gefüllt ist.

Die Beschickung des Apparates wird auf die Weise vorgenommen, daß man den kegelförmigen Aufsatz C des Extractionsgefäßes, der durch Schrauben luftdicht auf diesem aufsitzt, losschraubt und auch die durch eine sogenannte Holländer=Verschraubung H bewirkte Verbindung desselben mit dem Rohre R löst. Das Extractionsgefäß wird sodann mit den Pflanzenstoffen beschickt, der Aufsatz C befestigt und die Verbindung mit dem Rohre R wieder hergestellt. Man öffnet sodann den Hahn H_2 und den Hahn H_4, welch' letzterer an einem mit einem Trichter versehenen Rohre an= gebracht ist und bringt die erforderliche Menge des Extrac= tionsmittels in die Blase. Beide Hähne werden sodann wieder geschlossen, die Hähne H und H_1 aber geöffnet.

Man erhitzt nun das in dem Kessel K befindliche Wasser so weit, daß der Inhalt der Blase zu sieden an= fängt. Der Dampf des Lösungsmittels steigt durch das Rohr R empor, wird bei seinem Eintritt in das Extractions= gefäß E verdichtet, fällt als Regen auf die zu extrahirenden Pflanzenstoffe und gelangt, mit ätherischem Oel beladen, wieder in die Blase B. In dieser kommt das Lösungsmittel wieder zur Verdampfung, muß wieder durch die Pflanzen= stoffe gehen, hinterläßt aber das ausgezogene Oel in der Blase. — Während des Kochens des Lösungsmittels sorgt man durch fortwährenden Zufluß von kaltem Wasser für entsprechende Abkühlung des Extractionsgefäßes.

Nach beendeter Extraction — die hierzu nothwendige Zeit hängt von der Beschaffenheit der zu extrahirenden Pflanzenstoffe und der Größe des Apparates ab — sperrt man die Hähne H und H_1 und öffnet den Hahn H_2, wel= cher mit einer Kühlschlange in Verbindung gesetzt wird. — Es verdampft nunmehr das Lösungsmittel und kann durch Verdichtung des Dampfes wieder gewonnen werden. Das am Boden der Blase angebrachte Rohr mit dem Hahne H_3 dient zum Ablassen des ätherischen Oeles.

Man kann dem Apparate auch die Einrichtung geben, daß man die Blase B mit zwei Extractionsgefäßen in Ver= bindung setzt, welche abwechselnd functioniren. — Während der Inhalt des einen Apparates extrahirt wird, findet eine Entleerung und neue Füllung des zweiten statt.

Das Rectificiren der Oele.

Die ätherischen Oele, welche man durch Extraction erhält, sind stets mit anderen Stoffen gemengt, welche nebstbei aus den Pflanzenstoffen ausgezogen werden, und bestehen diese Beimengungen zumeist aus Harz, Gerbstoff und Farbstoffen. Um sie von diesen zu befreien, ist es nothwendig, sie noch einer weiteren Reinigung durch Destillation zu unterziehen, welche man die Rectification nennt. Auch die nach anderen Methoden erhaltenen ätherischen Oele bedürfen einer Rectification, wenn man sie vollkommen rein haben will, indem sie meistens durch fremde Stoffe gelblich gefärbt sind, und bei längerem Lagern harzartige Stoffe ausscheiden.

Rectificirte ätherische Oele sind, insoferne sie nicht eine besondere, ihnen eigenthümliche Färbung besitzen, farblos und von viel feinerem Geruche als die nicht rectificirten.

Wenn man nicht in sehr großem Maßstabe arbeitet,

Fig. 13.

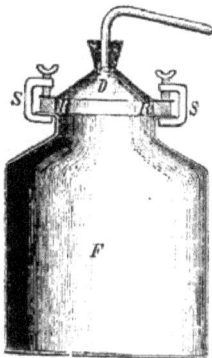

bedarf man zum Rectificiren keiner Blase, sondern kann sich hierzu kleinerer Destillirgefäße bedienen, welche in ein Bad aus fettem Oel, besser aus Paraffin, eingesetzt werden. Wenn in das Oel oder Paraffin ein Thermometer eingesenkt ist, läßt sich die Temperatur leicht so regeln, daß man das ätherische Oel gerade auf seinen Siedepunkt erhitzt und dasselbe gleichmäßig abdestillirt.

Figur 13 zeigt die Einrichtung eines derartigen Destillirgefäßes. Dasselbe besteht aus einem flaschenartigen Blechgefäße F, dessen kegelförmiger Deckel D mittelst eines Lederringes R und der

Schraubenzwingen S luftdicht aufgesetzt werden kann. Ein in den Deckel eingesetztes Rohr wird mit einer Kühlschlange in Verbindung gebracht.

Die durch Extraction dargestellten ätherischen Oele sind aber durch bloße Rectification noch nicht genügend gereinigt, indem ihnen hartnäckig Spuren der Lösungsmittel anhaften, welche nur durch einen Luftstrom, der eine zeit=lang durch das Oel geblasen wird, entfernt werden können. — Berührung mit Luft wirkt aber, wie erwähnt, nach=theilig auf die ätherischen Oele ein, indem dieselben hier=durch an Lieblichkeit des Geruches verlieren. Wir verwenden

Fig. 14.

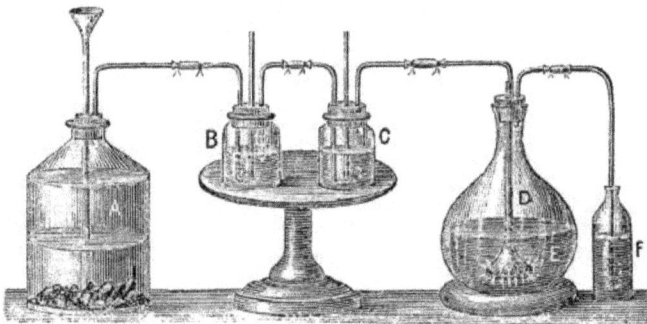

deshalb bei kostbaren Oelen nie einen Luftstrom, sondern lassen durch dieselben einen Strom von reiner Kohlensäure gehen. — Figur 14 giebt eine Abbildung des hierzu die=nenden Apparates. Die große Flasche A, welche mit Stücken von weißem Marmor halb gefüllt ist, wird mit einem zwei=fach durchbohrten Kork geschlossen; durch die eine Bohrung ist ein Trichterrohr gesteckt, in die andere ein kurzes recht=winkelig gebogenes Rohr eingepaßt. Dieses steht mit einem anderen Rohr in Verbindung, welches bis auf den Boden des Gefäßes B reicht, in dem außerdem eine oben und unten offene Röhre und ein kürzeres rechtwinklig gebogenes Röhrenstück eingefügt ist. Neben diesem Gefäße ist ein zweites C aufgestellt, das die gleiche Einrichtung hat. Das aus C führende Rohr steht mit einem weiteren Zinnrohre D in Verbindung, welches sich nach unten zu in einen Ansatz erweitert, der Aehnlichkeit mit der Brause einer Gießkanne besitzt. Dieses Rohr ist in den Glasballon E eingesenkt, in welchem sich das ätherische Oel befindet. Endlich führt ein Rohr nach der Flasche F, die mit Wasser gefüllt ist.

Wenn man den Apparat in Gang setzen will, gießt man durch das Trichterrohr stark verdünnte Salzsäure auf die Marmorstücke, wodurch aus diesen sogleich ein lebhafter Strom von Kohlensäure entwickelt wird. Da aber durch den Kohlensäurestrom auch Wasser und Salzsäure mitge= rissen wird, muß derselbe von diesen Stoffen befreit werden, ehe er mit dem ätherischen Oele in Berührung kommt.

Die Gefäße B und C dienen hierzu; das Gefäß B ist zur Hälfte mit Wasser gefüllt, während das Gefäß C starke Schwefelsäure enthält. In B wird die von dem Gasstrome mitgerissene Salzsäure zurückgehalten, während durch die Schwefelsäure das Wasser gebunden wird. Der aus C austretende Kohlensäurestrom gelangt vollkommen rein in das ätherische Oel und strömt in vielen Blasen durch die feinen Oeffnungen des Rohres D aus, reißt die Spuren des Lösungsmittels, welche dem Oele noch an= haften, mit sich und gelangt endlich durch das in der Flasche F enthaltene Wasser in's Freie. In der Flasche F werden noch die kleinen Mengen des ätherischen Oeles, welche etwa von dem Gasstrome mitgerissen werden, zurück= gehalten.

Wenn man die durch Extraction und Ausblasen mit Kohlensäure gewonnenen ätherischen Oele sofort in luftdicht

verschließbare Gefäße bringt und diese im Dunkeln auf=
bewahrt, so kann man selbst die veränderlichsten unter den
ätherischen Oelen durch Jahre hindurch aufbewahren, ohne
daß sie auch nur im mindesten ihre Eigenschaften ändern.
Jene Oele, welche durch Ausblasen mit atmosphärischer Luft
erhalten wurden, werden bei langem Liegen immer etwas
dickflüssiger und verlieren an Feinheit des Geruches, indem
die von dem Oele während des Ausblasens aufgenommene
Sauerstoffmenge im Laufe der Zeit ihre oxydirende Wirkung
äußert.

XII.

Darstellung der ätherischen Oele durch Extraction unter Anwendung von erhöhtem Druck. Die Deplacirungsmethode.

Bei Anwendung eines erhöhten Druckes kann man
die ätherischen Oele selbst bei gewöhnlicher Temperatur
mittelst eines der oben angeführten Lösungsmittel oder selbst
von starkem Weingeist gewinnen. Wenn man den Vorgang
in's Auge faßt, durch welchen der Druck hervorgerufen
wird, so findet man, daß das Princip der hierbei verwen=
deten Apparate jenes ist, das bei den sogenannten Real'schen
Pressen angewendet wird.

Bekanntlich ist der Druck, welchen eine Flüssigkeit auf
den Boden eines Gefäßes ausübt, nur abhängig von der
Größe der Bodenfläche und der Höhe der drückenden Flüs=
sigkeitssäule, nicht aber von der Quantität der angewendeten

Flüssigkeit. Man kann daher mittelst einer ganz dünnen, aber hohen Flüssigkeitssäule auf eine Fläche einen sehr mächtigen Druck ausüben.

Bringt man einen Pflanzenstoff, welcher ätherisches Oel enthält, unter diesen Verhältnissen mit einem Lösungs= mittel zusammen, so erfolgt ein doppelter Vorgang: das ätherische Oel wird durch den Druck der Flüssigkeit aus den Oelbehältern verdrängt oder deplacirt, daher der Name Deplacirungsmethode, und gleichzeitig von dem Lösungs= mittel aufgenommen. — Durch die Stärke des auf die Pflanzenstoffe wirkenden Druckes wird sowohl die Verdrän= gung als die Auflösung des ätherischen Oeles sehr beschleu= nigt und die Arbeitszeit bedeutend abgekürzt.

Fig. 15.

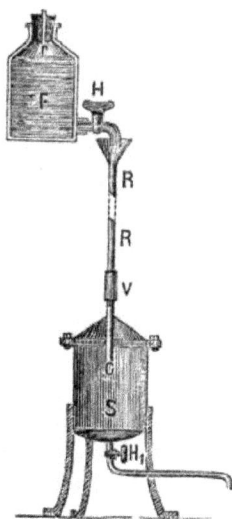

Zur Deplacirung verwendet man einen Apparat, der, wie gesagt, dem Principe nach mit der Real= schen Presse übereinstimmt, aber ent= sprechend der Arbeit, welche er zu leisten hat, modificirt werden muß. Figur 15 zeigt die Einrichtung eines solchen Apparates.

Die Flasche F ist oben durch einen Kork geschlossen, in welchem ein zu einer feinen Spitze ausgezo= genes Glasrohr steckt; nahe am Bo= den besitzt die Flasche einen zweiten Hals, in welchen ein Hahn H ein= gesetzt ist, der über dem Trichter eines metallenen Rohres R steht. Dieses Rohr soll so lang gewählt werden, als die Höhe des Gebäudes gestattet; je höher das= selbe ist, desto bedeutender ist auch der von der Flüssigkeit

ausgeübte Druck. Eine Länge von zehn Metern ist als das
Minimum anzunehmen und braucht die Weite dieses Rohres
nur einige Millimeter zu betragen. Das Rohr steht durch
eine Holländer=Verschraubung V mit dem Extractionsgefäß
C in Verbindung. Dieses ist aus sehr starkem, gut verzinn=
tem Eisenblech angefertigt und ist der Deckel D desselben
mittelst eines Lederringes und Schrauben luftdicht aufzu=
passen. Unmittelbar über dem Boden dieses Gefäßes liegt
ein Siebboden S und ist in den Boden ein nach der Seite
gebogenes, enges Rohr eingesetzt, welches durch einen Hahn
H₁ geschlossen wird.

Alle Theile des Apparates müssen fest und sorgfältig
gearbeitet sein, indem bei einer Flüssigkeitsfäule von nur
10 Meter Höhe der von der Flüssigkeit in dem Gefäße C
ausgeübte Druck schon nahezu ein Kilogramm auf jeden
Quadrat=Centimeter der Oberfläche beträgt. Hat also das
ganze Gefäß C nur eine Gesammtoberfläche von einem
Quadrat=Meter, so beträgt der auf demselben lastende Druck
bei 10 Meter Flüssigkeitshöhe schon 10,000 Kilogramm.

Man beginnt die Arbeit damit, daß man die zu
extrahirende Substanz in einem leinenen Sack, welcher genau
in den Cylinder C paßt, in diesen einsetzt, den Deckel be=
festigt und durch vorsichtiges Oeffnen des Hahnes H die in
der Flasche F befindliche Flüssigkeit in den Apparat laufen
läßt. Man muß hierbei Sorge tragen, daß die Flüssigkeit
in einem dünnen Strahle an der Innenwand der Röhre
hinabfließe, damit die in dem Apparate enthaltene Luft
entweichen könne, ohne in Blasen ausgestoßen zu werden,
wodurch Flüssigkeit aus dem Rohre geschleudert würde.
Man kann durch zweckentsprechendes Erweitern der Oeff=
nung des Rohres r den Abfluß der Flüssigkeit leicht
reguliren.

Sobald die Flüssigkeit bis in den Trichter des Roh=
res R gestiegen ist, schließt man den Hahn H und überläßt
die Pflanzenstoffe durch 30 bis 60 Minuten der Einwir=
kung des Lösungsmittels. Nach beendeter Extraction öffnet
man den Hahn H_1 sehr langsam und läßt die mit großer
Gewalt hervordringende Flüssigkeit in eine Flasche fließen,
in welcher sie sich klärt und etwa mitgerissene Pflanzen=
theile absetzt.

Sobald die Flüssigkeit abgelaufen ist, schließt man den
Hahn H_1, füllt den Apparat mit reinem Wasser, das aus
einer Flasche zufließt, welche dieselbe Einrichtung hat, wie
die Flasche F, öffnet dann sofort den Hahn H_1 und fängt
die ausströmende Flüssigkeit in einer besonderen Flasche auf.
— Das Nachgießen des Wassers hat den Zweck, die in
den Zwischenräumen der Pflanzenstoffe zurückbleibende Flüs=
sigkeit zu gewinnen. Diese zweite, aus Wasser und Lösung
des ätherischen Oeles bestehende Flüssigkeit wird nach er=
folgter Klärung durch einen Scheidetrichter getrennt, die
Lösungen der ätherischen Oele vereinigt und durch Abdestil=
liren des Lösungsmittels und nachfolgendem Ausblasen das
Oel gereinigt, wie oben angegeben worden.

Die Deplacirungsmethode eignet sich recht gut zur
Herstellung von Oelen, welche in bedeutenden Mengen in
den Pflanzenstoffen vorkommen, wie z. B. des Gewürz=
nelken=, Muscat= und Macisöles und mehrerer anderer
Oele.

XIII.

Darstellung der ätherischen Oele durch Maceration. Das Infusions-Verfahren.

Die Fette, sowohl die flüssigen (fetten Oele) als auch die festen Fette (Butterarten), haben die Eigenschaft, riechende Stoffe mit großer Energie an sich zu ziehen und dieselben festzuhalten. Behandelt man daher solche Fette mit Pflanzenstoffen, welche ätherischen Oelen ihren Wohlgeruch verdanken, so nimmt das Fett das ätherische Oel in sich auf, giebt es aber bei längerem Zusammensein mit sehr starkem Alkohol an diesen ab, so daß man schließlich eine Lösung des ätherischen Oeles in Alkohol vor sich hat, aus welcher durch Abdestilliren des Alkoholes das reine Oel erhalten werden kann.

Das Macerations- oder Infusions-Verfahren wird ganz besonders für jene wohlriechenden Pflanzenstoffen angewendet, deren ätherische Oele so zarter Natur sind, daß sie durch Destillation einen großen Theil ihres angenehmen Geruches einbüßen würden. Alle feinen ätherischen Oele, welche aus duftenden Blumen gewonnen werden, müssen entweder durch Infusion oder durch die Absorptionsmethode dargestellt werden. Der mit Recht bedeutende Ruf von der Vorzüglichkeit der französischen Parfumerien hat seine Begründung darin, daß alle feinen ätherischen Oele ausschließlich durch die Infusions- oder Absorptionsmethode dargestellt werden.

Das hierbei verwendete Fett, sei es nun Olivenöl oder Schweinefett, muß vorher der sorgfältigsten Reinigung unterzogen werden und in Wirklichkeit ein sogenanntes Neutralfett, das heißt frei von jeder Spur freier Säure sein, da die freien Säuren, welche das Ranzigwerden der Fette bedingen, einen unangenehmen Geruch haben, der die Feinheit des Geruches der ätherischen Oele sehr beeinträchtigen würde. Die Reinigung der Fette wird auf die Weise vollzogen, daß man das Fett in der Wärme mehrere Male mit schwacher Natronlauge behandelt und sodann auf das Sorgfältigste mit Wasser so lange wäscht, bis auch die letzte Spur der Lauge entfernt ist und das Fett vollkommen neutral, das heißt weder sauer noch alkalisch reagirt.

Wenn man zur Infusion Olivenöl anwendet, so erhält man die sogenannten Huiles antiques, das sind Lösungen des ätherischen Oeles in den fetten Oelen; verwendet man Schweinefett, so erhält man die sogenannten echten Pomaden, welche direct als kostbare Parfumerie-Artikel angewendet werden, in den Fabriken aber als Ausgangspunkt zur Darstellung der ätherischen Oele dienen.

Nach dem älteren Verfahren geschieht das Maceriren auf die Weise, daß man das Fett in Porzellantöpfen oder auch in gut emaillirten Eisentöpfen, die in einem großen flachen und mit Wasser gefüllten Kessel eingesetzt sind, also in einem Wasserbade stehen, einer gleichmäßigen Wärme von 40 bis 50 Graden aussetzt. Die Pflanzenstoffe, welche macerirt werden sollen, müssen, wenn sie Blüthen sind, ganz frisch gepflückt sein, und werden in Säckchen aus feiner Leinwand in das erwähnte Fett gehängt.

Die Zeit, während welcher man eine Partie von Pflanzenstoffen mit dem Fette in Berührung läßt, ist eine verschiedene, je nach der Art der Pflanzen; bei zarten

Blüthen, wie Veilchen, Maiglöckchen, kürzer als bei anderen und wechselt zwischen 12 und 48 Stunden. Nach Verlauf dieser Zeit hebt man die Säckchen aus den Töpfen, läßt sie gut abtropfen und bringt sie dann zusammen unter eine kleine Schraubenpresse, wo sie tüchtig ausgepreßt werden; das ausgepreßte Fett wird wieder in die Töpfe gebracht.

Da das Fett viel mehr an ätherischen Oelen aufzunehmen vermag, als durch einmaliges Einsenken von Blüthen in dasselbe gelangt, so bringt man unmittelbar, nachdem die erste Partie von Blüthen ausgehoben wurde, neue Säckchen mit Blüthen in das Fett. Die französischen Fabriken ätherischer Oele behandeln das Fettquantum bis zu 16 Malen mit frischen Blüthen. Wenn man Blüthen durch noch längere Zeit zur Verfügung hat, als eine so oftmalige Wiederholung der Arbeit erfordert, so kann man das Einhängen neuer Blüthenmengen noch öfter wiederholen.

Die Erfahrung hat gelehrt, daß die ätherischen Oele, welche nach diesem Verfahren aus den Blüthen gewonnen werden, einen um so feineren Duft besitzen, je kürzer die Zeit ist, während welcher die Blüthen mit dem Fette in Berührung bleiben. Die Ursache dieser Erscheinung liegt offenbar darin, daß bei längere Zeit dauernder Berührung der Blüthen mit dem Fette, erstere außer dem Oele noch andere Stoffe an das Fett abgeben, welche den Geruch des Oeles beeinflussen. Man hat daher versucht, durch Anwendung entsprechender Vorrichtungen die Macerationsdauer auf den möglichst kurzen Zeitraum zu beschränken.

In Figur 16 geben wir das Princip an, nach welchem solche Apparate eingerichtet werden können. Derselbe besteht aus einem horizontal gestellten Blechkasten K, dessen Deckel flüssigkeitsdicht aufgeschraubt werden kann. Dieser Kasten ist durch quergestellte Scheidewände W in eine Anzahl gleich großer Räume zerlegt. Man hat Macerations-Kästen, welche bis zu zehn und selbst noch mehr solcher Räume enthalten. Jede dieser Scheidewände hat eine Oeffnung

Fig. 16.

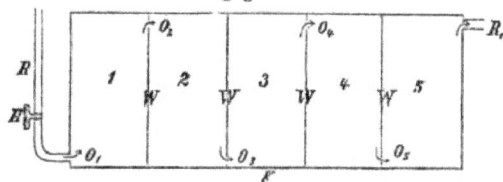

(O bis O_5), welche so angebracht ist, daß sich je eine Oeffnung nahe dem Boden, und je eine nahe dem Deckel des Gefäßes befindet.

Zu dem Apparate gehören prismatische Körbe aus Drahtgeflecht, welche in die durch die Querwände gebildeten Räume passen und mit frischen Blüthen gefüllt eingesetzt werden. Ein durch einen Hahn H sperrbares Rohr R steht mit einem etwas höher gestellten Behältnisse in Verbindung, welches mit Oel oder geschmolzenem Fett gefüllt ist; ein am entgegengesetzten Ende des Apparates angebrachtes Rohr R_r führt das durchgegangene Fett nach einem anderen Behältnisse.

Der Betrieb des Apparates wird nun auf folgende Weise geleitet. Man setzt in die Abtheilungen 1 bis 5 Kästen, welche mit Blüthen gefüllt sind, ein, und läßt das ganze zur Maceration verwendete Fettquantum durch den Apparat gehen. Die in der Abtheilung 1 befindlichen Blüthen werden offenbar die größte Menge von ätherischem Oel an das Fett abgeben, die in 2 enthaltenen weniger, da in dem Fette schon etwas ätherisches Oel aus 1 gelöst ist. Die folgenden Körbe werden immer weniger Oel abgeben, je weiter sie von der Einflußstelle des Fettes entfernt sind.

Nachdem alles Fett durch den Apparat gegangen ist,

betrachtet man die in der Abtheilung 1 befindlichen Blüthen als an Wohlgeruch erschöpft und beseitigt sie. Der in dem Raume 2 gewesene Behälter wird nach dem Raume 1 gebracht, jener aus 3 nach 2 und so fort, daß alle Körbe gleichmäßig gegen die Einflußstelle des Fettes vorrücken. In die letzte Abtheilung des Apparates wird ein mit frischen Blüthen gefüllter Korb gesetzt.

Man läßt nun das Fett, welches den Apparat bereits einmal passirt hat, wieder in der gleichen Richtung durch denselben gehen und läßt nach jedesmaligem Durchgang des Fettes die Körbe um eine Abtheilung vorrücken. Hat der Apparat z. B. zwanzig Abtheilungen und dauert das Durchströmen des Fettes eine Stunde, so kann, wenn man die Zeit, welche zum Umsetzen der Körbe erfordert wird, auf vier Stunden veranschlagt, die Maceration eines bedeutenden Blüthenquantums in einem Tage vollendet sein.

Das mit den ätherischen Oelen der Blüthen gesättigte Olivenöl, oder Huile antique, oder das ebenso behandelte Schweinefett (Pomade) werden nun so bald möglich weiter auf ätherisches Oel verarbeitet. Bei den Oelen ist die Manipulation eine sehr einfache; man füllt sie einfach in große Glasflaschen, welche bis zur Hälfte mit sehr starkem und absolut fuselfreiem Weingeist gefüllt sind; gewöhnlich nimmt man die Hälfte des Oeles von der angewendeten Weingeistmenge.

Die Flaschen werden wohlverschlossen in einem schwach erleuchteten und mäßig warmen Raume aufgestellt und bleibt das Oel durch mehrere Wochen mit dem Weingeiste in Berührung. Da das Oel eine von dem Weingeist scharf gesonderte Schichte bildet, so muß man durch oftmaliges Durchschütteln des Flascheninhaltes für eine Mengung des

Oeles mit dem Weingeiste Sorge tragen; hat man eine große Anzahl von Flaschen, so ist dies keine geringe Arbeit.

Wenn man über eine billige mechanische Kraft ver= fügt, so kann man die zur Auflösung der ätherischen Oele aus dem fetten Oele nothwendige Zeit sehr abkürzen, wenn man das Fett unausgesetzt mit dem Weingeiste mischt. Der hierzu dienende Apparat ist sehr einfach und besteht der Hauptsache nach aus einem horizontal liegenden Cylinder, der langsam um seine Axe gedreht wird. Durch eine flüssig= keitsdichte zu verschraubende Oeffnung füllt man diesen Cylinder bis zu drei Viertel mit Oel und Weingeist und läßt ihn durch einige Tage fortwährend rotiren. Nach Ver= lauf dieser Zeit hat der Weingeist in Folge der unaus= gesetzten Vermengung mit dem Oele so viel ätherisches Oel aufgenommen, als er überhaupt aufzunehmen vermag, und kann diese weingeistige Lösung weiter verarbeitet werden.

Es sei hier bemerkt, daß es geradezu unmöglich zu sein scheint, durch Behandeln mit Weingeist dem Oele das gesammte Quantum der aufgelösten ätherischen Oele zu ent= ziehen; nach Monate langer Behandlung mit stets neuen Alkoholmengen zeigt das Oel (und auch das Schweinefett) noch immer den Geruch des ätherischen Oeles. Es ist dies übrigens nicht als ein Verlust zu betrachten; man kann die betreffenden Fette neuerdings zur Gewinnung desselben ätherischen Oeles verwenden, zu dessen Darstellung es schon gedient hat, oder — und dies geschieht am häufigsten, als Parfumerie=Artikel — welche noch dazu zu den kostbarsten Wohlgerüchen gehören, verwerthen, da sie den entsprechenden Duft in einer Feinheit zeigen, wie er sonst durch directes Auflösen von ätherischen Oelen in Fett nicht zu erhalten ist.

Um dem mit ätherischem Oel gesättigten Schweinefett eine möglichst große Oberfläche zu geben, verwandelt man dasselbe durch Zerschneiden mit Hilfe eines Wiegenmessers in kleine Stücke, die man mit Alkohol behandelt. Wir erreichen den gleichen Zweck weit einfacher und vollkommener durch Anwendung einer einfachen Vorrichtung. Dieselbe besteht aus einem Cylinder, welcher vorne geschlossen ist, und ein enges Ausflußrohr von 2 Mm. Durchmesser besitzt. Die Pomade wird in diesen Cylinder eingefüllt, auf sie ein genau passender Kolben gesetzt und das Fett durch gleichmäßiges Drücken auf diesen Kolben in Form eines dünnen Fadens hervorgepreßt. Der Faden aus Fett wird auf einer kreisförmigen aus Siebblech gefertigten Scheibe so aufgefangen, daß er auf derselben hin und her und sodann kreuzweise senkrecht auf die erste Lage aufgelegt wird. Diese mit Fett bedeckten Scheiben setzt man übereinander in einen Blech=Cylinder, in welchem sie durch Stützen getragen werden. Sobald der Cylinder gefüllt ist, gießt man so viel Weingeist in denselben, daß auch die oberste Platte davon überdeckt ist und schließt den Cylinder luftdicht. Nach etwa einer Woche läßt man durch einen am Boden des Cylinders angebrachten Hahn etwa ein Drittel des zugegossenen Weingeistes ab und ersetzt dieses durch eine entsprechende Menge von frischem Weingeist; nach einer weiteren Woche wiederholt man die gleiche Operation.

Die Lösung des ätherischen Oeles in Weingeist besitzt eine größere Dichte als dieser, sinkt demnach zu Boden und ist das abgelassene Quantum gesättigt mit ätherischem Oele. Man richtet den angegebenen Apparat am zweckmäßigsten so ein, daß die erwähnten Siebplatten, so nahe als es angeht, ohne daß die Fettschichte der einen den Boden der darüber stehenden berührt, somit ein möglichst geringer Raum für den Alkohol übrig bleibt. Man kann sodann schon nach 36 bis 38 Stunden das gesammte Alkoholquantum ablassen,

durch frischen Weingeist ersetzen und auf diese Weise die
Auflösung des ätherischen Oeles schnell zu Ende führen.

Die Lösungen der ätherischen Oele — gleichgiltig ob
sie nun durch Behandeln der Blüthen mit Oel oder Schweinefett und nachherigem Ausziehen mit Weingeist erhalten
wurden — bestehen gewöhnlich nicht blos aus ätherischem Oel
und Weingeist, sondern enthalten außerdem meist noch etwas
Farbstoff oder Harz, aber in so geringen Mengen, daß eine
Trennung von diesen Stoffen nur in sehr seltenen Fällen
vorgenommen wird. Gewöhnlich verwendet man diese Lösungen
unter dem Namen Extracte oder Extraits unmittelbar in der
Parfumerie- oder Liqueurfabrikation zur Hervorbringung der
feinsten Wohlgerüche.

Man unterscheidet im Handel sogenannte einfache
Extracte, Extraits simples, doppelte Extracte, Extraits
doubles, und dreifache Extracte, Extraits triples und bezeichnet damit einen Weingeist, welcher der Bezeichnung entsprechend immer mehr an ätherischem Oele gelöst enthält;
die dreifachen Extracte haben demzufolge den stärksten
Geruch unter allen.

Wenn man die ätherischen Oele aus den weingeistigen
Extracten für sich darstellen will, destillirt man den Extract
in einem der vorangegebenen Destillirapparate, wobei man
aber die Vorsicht gebraucht, daß das in einem Wasserbade
stehende Destillirgefäß gerade nur soweit erhitzt wird, daß
sein Inhalt siedet und ein Höhersteigen der Temperatur vermieden wird. Am besten ist es mit dem Erhitzen nicht weiter
als bis zu 80 Graden zu gehen; es verdampft hierbei aller
Alkohol und der größte Theil des Wassers; das ätherische
Oel bleibt nebst einem sehr kleinen Wasserquantum in dem
Destillirgefäße zurück und kann von diesem mittelst des
Scheidetrichters getrennt werden. Ist das ätherische Oel sehr

dickflüssig, so benützt man einen Scheidetrichter, welcher in einem zweiten steckt, der mit heißem Wasser gefüllt wird; bei höherer Temperatur sind auch die bei gewöhnlicher Wärme butterartigen ätherischen Oele dünnflüssig genug, um sich vollständig von dem Wasser zu trennen.

Die Macerations= oder Infusions=Methode ist die= jenige, mittelst welcher sehr zarte Pflanzendüfte aus den Blüthen gewonnen werden: man wendet sie zur Gewinnung von Orangenblüthen=, Acacia=, Veilchen=, Reseda= und anderen herrlich duftenden Oelen an.

XIV.

Die Darstellung der ätherischen Oele durch das Absorptions-Verfahren.

Die in den Pflanzenstoffen enthaltenen ätherischen Oele verflüchtigen sich schon bei gewöhnlicher Temperatur; das Duften der Blumen rührt von dieser Verflüchtigung her. Es giebt nun gewisse ätherische Oele, welche einen so hohen Grad von Veränderlichkeit besitzen, daß selbst die mäßige Wärme, welche man bei der Maceration anwenden muß, auf sie so einwirkt, daß die Feinheit des Geruches dadurch leidet. Um solche Oele zu gewinnen, bleibt daher nichts anderes übrig, als die Blüthen bei gewöhnlicher Temperatur mit Fett in Berührung zu bringen, welches das freiwillig verdampfende Oel absorbirt. Man nennt dieses

Verfahren der Gewinnung von ätherischen Oelen daher das Abforptions-Verfahren, oder die Beduftung (Enfleurage).

Bei der ungemein geringen Menge von ätherischem Oel, welche das Fett nach diesem Verfahren aus den Blüthen aufnimmt, ist die zur Sättigung des Fettes mit Oel nothwendige Zeit eine sehr lange und verursacht diese Methode sehr viel Arbeit, namentlich dann, wenn man die Beduftung auf die Weise vornimmt, wie sie ursprünglich in den französischen Fabriken ausgeführt wurde.

Man benützte hierzu Glastafeln von etwa 0,6 Quadratmeter Oberfläche (G Figur 17), welche mit mehrmals ausgekochtem Schweinefett, das in einer sehr dünnen Schichte, nicht über 5 Mm. auf denselben ausgebreitet wurde, bedeckt waren. Jede Tafel wurde in einen Rahmen R gelegt, welcher einen erhöhten Rand besaß und die Oberfläche des Fettes mit Blüthen bestreut. Auf den Rahmen wurde ein zweiter gesetzt, so daß die Blüthen in ein flaches Gefäß eingeschlossen waren, dessen Deckel von der Unterseite der oberen Glasplatte gebildet wurde.

Fig. 17.

Man baute aus solchen über einander gestellten Rahmen hohe Stöße und ließ die Blüthen auf demselben so lange liegen, bis sie welk geworden waren, worauf man sie wiederholt durch frische ersetzte, bis das Fett eine entsprechende Menge von ätherischem Oele aufgenommen hatte. Wie aus dieser Beschreibung zu entnehmen ist, erfordert dieses Verfahren außerordentlich viele Arbeitskraft, um die Blüthen zu wechseln, und die Rahmen umzusetzen, und wird daher wohl nur mehr in wenig Fabriken nach demselben gearbeitet.

Durch Anwendung einfach gebauter Apparate läßt
sich dasselbe jedoch mit einem geringen Aufwand an Arbeit
und Zeit leicht durchführen. Figur 18 zeigt das Princip

Fig. 18.

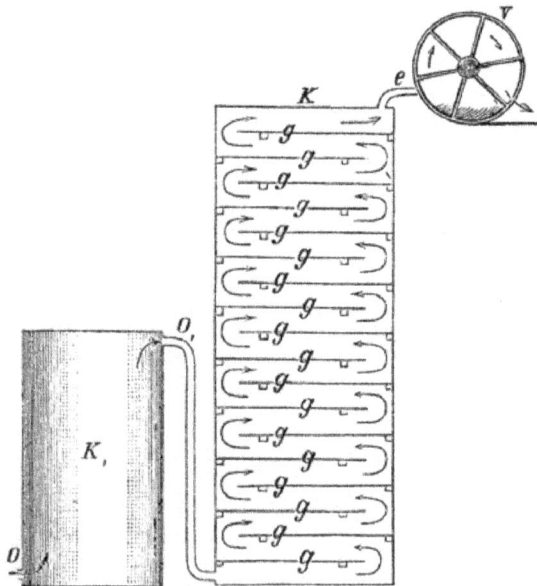

eines derartigen Apparates, der außer den oben erwähnten
noch den Vortheil bietet, daß das Fett gar nicht mit den
Blüthen in directe Berührung gelangt, wodurch jedem Verlust an Fett vorgebeugt wird.

Der Apparat besteht aus einem hohen Kasten aus
Holz, welches mit Thüren versehen ist, deren Falze mit
Kautschuk belegt sind und dadurch luftdicht schließen. In
dem Kasten sind Leisten derart angebracht, daß man Glastafeln G über einander so einschieben kann, daß sich eine
Anzahl derselben, z. B. jene mit ungeraden Zahlen an die
linke Wand anschließen, und nach rechts einen Raum frei

laffen, während jene mit geraden Zahlen rechts anliegen, links aber frei sind.

Vom Boden des Kastens geht ein Rohr ab, welches in einen Blechcylinder mündet, der locker mit den Blüthen gefüllt ist und unten bei O eine seitliche Oeffnung besitzt. Von dem Deckel des Kastens K steigt ein Rohr e auf, das mit einem kleinen Ventilationsapparate, der durch ein Uhr=werk oder durch Gewichte in Gang erhalten wird, ver=bunden ist.

Wenn man den Ventilator in Gang setzt, saugt er einen Luftstrom durch den Apparat. Die Luft dringt bei O in den Cylinder K_1 ein, steigt durch die Blüthen empor und beladet sich mit Dämpfen von ätherischem Oel, gelangt durch O_1 in den Kasten K, streicht in der durch die Pfeile angegebenen Richtung über die mit Fett bedeckten Platten, und giebt das ätherische Oel an dieses ab. Man hat auch ähnliche aber minder vollkommene Apparate construirt, bei welchen der Luftstrom durch Blasebälge erzeugt wird.

Auch bei dem Absorptions=Verfahren, wie wir es hier beschrieben haben, äußert sich der schädliche Einfluß der at=mosphärischen Luft auf das Oel; man erhält eine verringerte Ausbeute, indem ein Theil des ätherischen Oeles durch die oxydirende Wirkung der Luft geruchlos gemacht wird. Es ist daher zu empfehlen, auch hier nicht mit Luft, sondern mit einem indifferenten Gase zu arbeiten und eignet sich die Kohlen=säure wegen ihrer leichten Beschaffung hierzu ganz besonders.

In Figur 19 geben wir die Abbildung eines von uns construirten Apparates, mittelst welchen man die Absorp=tion durch einen Kohlensäurestrom bewirkt.

In der Flasche F wird Kohlensäure dadurch erzeugt, daß man auf Stücke von weißem Marmor M durch das Trichterrohr R Salzsäure gießt, das sich entwickelnde Gas in der Waschflasche W von mitgerissener Säure befreit und dasselbe von hier in den mit Blüthen gefüllten Blech=Cylinder B treten läßt. Der Kohlensäurestrom beladet sich hier mit

Fig. 19.

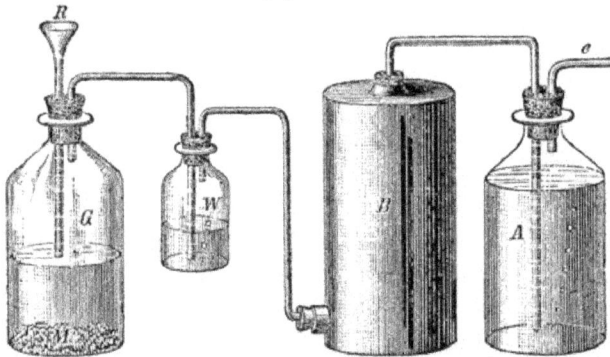

ätherischem Oele und gelangt sodann in eine Flasche A, die sehr starken Alkohol enthält, welcher das ätherische Oel zurückhält. Die aus e entweichende Kohlensäure kann wieder zur Absorption neuer Mengen von ätherischem Oel benützt werden.

Der hier angegebene Apparat versinnlicht gleichsam nur das Princip derartiger Vorrichtungen. Wenn man im Großen auf diese Weise arbeitet, erzeugt man die erforderliche Kohlensäure weit billiger durch Verbrennen von Kohle in einem entsprechend construirten Ofen, sammelt die Kohlen= säure in einem Gasbehälter, aus welchem sie durch die mit Blüthen gefüllten Kästen getrieben und schließlich wieder in einem zweiten Gasbehälter aufgefangen wird.

Man ist bei Benützung zweier Gasbehälter in der Lage, mit derselben Kohlensäure=Menge oft zu arbeiten und braucht nur soviel Kohlensäure zu ersetzen als durch den unvermeidlichen Verlust bei der Arbeit in Abgang kommt. Obwohl die Absorption unter Anwendung von Kohlensäure etwas kostspieliger zu stehen kommt, als bei Benützung von atmosphärischer Luft, so ist sie dieser dennoch weit vorzuziehen, indem man die Oele ganz unverändert und demnach mit der vollen Schönheit ihres Duftes gewinnt.

Nebst dem Extractions-Verfahren liefert die Absorptionsmethode die ätherischen Oele am schönsten und sollte für feine ätherische Oele keine andere in Anwendung kommen. Die geringen Anlagekosten, welche diese Verfahren der Destillation gegenüber verursachen, werden reichlich durch den erhöhten Werth der Producte aufgewogen.

XV.

Die Darstellung der ätherischen Oele unter Anwendung von erwärmter Luft.

Es wurde schon hervorgehoben, daß sich der Anwendung von erhitzter Luft zum Zwecke der Verdampfung von ätherischen Oelen aus Pflanzenstoffen erhebliche Hindernisse entgegen setzen, deren wichtigstes darin besteht, daß die äußeren Schichten der Pflanzentheile rasch austrocknen und hierdurch der Verdampfung des ätherischen Oeles ein Hinderniß bereiten.

Wir haben seit längerer Zeit Versuche angestellt, die Gewinnung der ätherischen Oele mittelst erhitzter Luft auf die Weise zu leiten, daß man zu einem entsprechenden Resultate gelangt. Wir haben nun gefunden, daß es nothwendig ist, den Pflanzentheilen (wir haben hier ganz besonders

frische Blüthen und Blätter im Auge) beiläufig ebenso viel
Wasser zuzuführen, als ihnen durch Verdampfung entzogen
wird; die Pflanzentheile welken in dem Luftstrome sehr
rasch ab, lassen aber das in ihnen enthaltene ätherische
Oel schnell verdampfen, da diese Oberfläche fortwährend
weich bleibt.

Der Apparat, welchen wir zur Gewinnung der ätherischen Oele mittelst erwärmter Luft anwenden, besteht in
Folgendem: In einem Kessel, der in einen Herd eingemauert
ist, liegt ein metallenes Schlangenrohr, welches mit einer
kleinen Pumpe derart in Verbindung steht, daß durch das
Rohr ein Luftstrom gepreßt werden kann. Der Kessel ist
mit Wasser gefüllt; die durch das Schlangenrohr getriebene
Luft wird durch das in dem Kessel siedende Wasser auf 60
bis 70 Grade erhitzt, tritt sodann in ein Blechgefäß, in
welchem einige Badeschwämme liegen, die durch auftropfen-
des Wasser beständig feucht erhalten werden und gelangt
sodann in die mit Blüthen oder Blättern gefüllten Kästen.

Auf seinem Wege durch den mit feuchten Schwämmen
gefüllten Kasten nimmt der Luftstrom soviel Wasserdampf
auf, als er überhaupt aufzunehmen vermag, beim Durchgang
durch die Pflanzentheile wird kein Wasserdampf, wohl aber
ätherisches Oel aufgenommen. Man wird finden, daß wenige
Minuten nach dem Beginn der Operation der aus den
Blüthen austretende Luftstrom noch immer eine Temperatur
von etwa 40 Graden besitzt. Bei diesem Wärmegrade sind
aber die ätherischen Oele schon bedeutend flüchtiger als bei
gewöhnlicher Temperatur, und wird hierdurch die Absorp-
tionsdauer bedeutend abgekürzt.

Der mit Wasserdampf und Dampf von ätherischem
Oel beladene Luftstrom wird durch ein Gefäß geleitet, das
Schwefelkohlenstoff oder Petroleumäther enthält, welche

Flüssigkeiten die Oele zurückhalten. Da aber diese Flüssigkeiten einen sehr niederen Siedepunkt haben, so muß man die Flasche, in welcher sie enthalten sind, mit dem unteren Ende einer Kühlschlange verbinden, damit die entweichenden Dämpfe wieder in die Flasche zurückfließen.

Der wesentlichste Vortheil in der Anwendung von erwärmter Luft bei der Absorptions=Methode liegt darin, daß die Arbeitsdauer hierdurch ungemein abgekürzt wird und binnen einigen Stunden das ätherische Oel aus den Blüthen ganz rein gewonnen werden kann, was für jene Fabrikanten, die sich mit der Gewinnung von Riechstoffen aus frischen Blüthen im großen Maßstabe befassen, gewiß ein nicht zu unterschätzender Vortheil ist, da das so leicht vergängliche Rohmateriale der frischen Blüthen nur während eines sehr beschränkten Zeitraumes zur Verfügung steht.

Bei manchen ätherischen Oelen, welche nur in sehr geringen Mengen in den betreffenden Pflanzen vorkommen, aber durch Destillation nicht leiden, kann man das Oel durch folgenden Kunstgriff gewinnen. Man destillirt die Pflanze mit Wasser und erhält dann kein ätherisches Oel für sich, wohl aber ein durch dasselbe aromatisirtes Wasser. Dieses schüttelt man mit rectificirtem Benzol, welches dem Wasser das ätherische Oel ziemlich vollkommen entzieht, so daß man eine Lösung des Oeles in Benzol erhält, die man vorsichtig abdestillirt und das zurückbleibende Oel durch Ausblasen — am besten mittelst Kohlensäure reinigt.

XVI.

Darstellung jener ätherischen Oele, welche sich in den Pflanzenstoffen nicht fertig gebildet vorfinden.

Es giebt mehrere ätherische Oele, welche nicht fertig gebildet in den Pflanzenstoffen vorkommen, sondern erst aus gewissen Verbindungen, welche diesen Pflanzenstoffen eigen sind, entstehen. Die Erscheinungen, welche hierbei vor sich gehen, sind bei weitem noch nicht genügend aufgeklärt; manche Chemiker zählen sie unter die sogenannten Spaltungs= vorgänge, während andere sie den eigentlichen Gährungs= processen anreihen; für den Praktiker genügt die Thatsache, daß sich das ätherische Oel erst aus gewissen Stoffen zu bilden vermag.

Die bitteren Mandeln und der schwarze Senf geben Beispiele derartiger Körper. Im trockenen Zustande voll= kommen geruchlos, nehmen sie beim Zusammenbringen mit warmem Wasser in kurzer Zeit den charakteristischen Geruch nach Bittermandel= oder Senföl an, das in den Mandeln, respective im Senf enthaltene Amygdalin respective Myrosin haben Bittermandel= oder Senföl gebildet.

Bis jetzt ist es nur bei sehr wenigen Körpern aus der Reihe der Riechstoffe gelungen, sie künstlich darzustellen, doch ist dies bei einigen der Fall, wie z. B. der salichligen Säure, welche sowohl in der Natur vorkommt, als auch durch chemische Processe gebildet werden kann.

Es sei hier bemerkt, daß manche Oele durch oftmaliges Rectificiren ihren Geruch sehr wesentlich ändern, wie man dies z. B. an Terpentinöl beobachten kann. Es ist nicht unwahrscheinlich, daß hierbei auch tiefgreifende chemische Veränderungen vor sich gehen, die man aber bis zur Gegenwart noch nicht näher studirt hat; die percentische Zusammensetzung des ätherischen Oeles bleibt immer dieselbe.

Die ätherischen Oele, nach welchem Verfahren sie auch dargestellt werden mögen, sind gewöhnlich noch nicht rein, können aber durch Rectification gereinigt werden. Da die Rectification meistens eine Einbuße an Wohlgeruch bei den Oelen zur Folge hat, so wird sie von vielen Fabrikanten namentlich von solchen, welche sich mit der Herstellung feiner Oele befassen, mit Recht häufig unterlassen.

Obwohl manche ätherischen Oele ganz charakteristische Farben haben, wie das echte Zimmtöl, rothgelb das Rosenöl und Wermuthöl grün, das Camillenöl blau, so gelingt es doch, durch wiederholte Rectification dieser Oele mit einem bedeutenden Ueberschuß eines anderen ätherischen Oeles, z. B. von Terpentinöl, den Farbstoff fast vollständig zurückzuhalten und die Oele nahezu farblos zu gewinnen. Für die Praxis hat diese Thatsache keinen Werth, da die ätherischen Oele sowohl in der Parfumerie als auch in der Liqueurfabrikation immer in so außerordentlich verdünnten Lösungen angewendet werden, daß die Farbe des Oeles vollständig verschwindet.

Es sei hier überhaupt bemerkt, daß es im Interesse jedes Fabrikanten ätherischer Oele liegt, an seinen Producten so wenig als möglich herumzukünsteln, indem dies immer auf Kosten des Wohlgeruches geschieht, welcher eben jene Eigenschaft ist, die den Werth eines ätherischen Oeles bedingt. Es genüge dem Fabrikanten, sein Oel nach einer der vorbeschriebenen Methoden darzustellen, dasselbe wenn erforderlich, einmal zu rectificiren und dann vor Licht und Luft geschützt aufzubewahren.

7*

Die Aufbewahrung der ätherischen Oele.

Die Aufbewahrung der ätherischen Oele ist ein so wichtiger Factor, daß wir einige Worte über dieselbe anführen müssen. Es wurde schon auseinander gesetzt, daß Luft und Licht, ja selbst eines dieser Agentien allein im Stande sind, derart auf die ätherischen Oele zu wirken, daß sie ihren Wohlgeruch vollkommen verlieren. Wir besitzen selbst einige Flaschen, welche mit dem feinsten englischen Lavendelöl gefüllt sind und durch mehrere Jahre absichtlich nur lose verkorkt stehen gelassen wurden. Das Oel in sämmtlichen Flaschen, gleichgiltig ob sie im Dunkeln oder im Lichte aufbewahrt wurden, hat seinen ursprünglich ungemein lieblichen Geruch gänzlich verloren und dafür einen schwachen Geruch angenommen, welcher jenem des Terpentinöles sehr ähnlich ist.

Bei anderen ätherischen Oelen, welche noch subtilerer Natur sind als das Lavendelöl, vollzieht sich dieser Umänderungsproceß in noch weit kürzerer Zeit und entwerthet das Product vollkommen. Die Umwandlungen, die hierbei in der chemischen Beschaffenheit der Oele vor sich gehen, sind uns bis zur Gegenwart noch wenig bekannt; dem Praktiker genügt es, daß sie thatsächlich stattfinden, um ihn zur Ergreifung aller Schutzmittel gegen dieselben zu veranlassen.

Jedes ätherische Oel soll sofort nach seiner Reindarstellung in dickwandige Flaschen gefüllt werden, die einen sehr sorgfältig eingeschliffenen Glasstöpsel besitzen. Der besteingeschliffene Glasstöpsel schützt aber nicht gegen die Veränderungen des Luftdruckes, — wenn auch in beschränktem Maße, findet dennoch ein Eintreten und Austreten der Luft zwischen Stöpsel und Flaschenwand statt. Um nun auch dies einzuschränken, benützen wir Kappen aus vulcanisirtem

Kautschuk, welche über die Stöpsel und den Hals der mit
ätherischem Oele gefüllten Flaschen gezogen werden, und
bei jenen Flaschen, die zum Versandt bestimmt sind, noch
mit Bindfaden festgeschnürt werden. Jede Flasche steht in
einem entweder aus Holz gedrehten, oder aus Pappe ange=
fertigten Behältnisse, welches nebst dem Schutze vor der
Einwirkung des Lichtes auch gegen das Zerbrechen schützt.

Wenn man ätherisches Oel aus einer Flasche ent=
nehmen will, so soll dies nicht durch Ausgießen bewerk=
stelligt werden, da hierdurch der Flaschenrand mit Oel
benetzt wird, welches verharzt und verloren ist. Wir benützen
zum Ausheben ätherischer Oele eine einfache Saugpipette,

Fig. 20.

die aber eine solche Einrichtung hat, daß
man mittelst derselben leicht jedes beliebige
Oelquantum aus der Flasche ausheben kann.
Figur 20 versinnlicht die Einrichtung, welche
wir diesem Instrumente gegeben haben.

Dieselbe besteht aus einer Pipette P,
welche in Cubik=Centimeter getheilt ist; nach
unten läuft das graduirte Gefäß der Pipette
in ein längeres Glasrohr aus, welches zu
einer feinen Spitze ausgezogen ist. Dieses
Rohr geht mit starker Reibung durch eine
flache Korkscheibe K. Auf das obere Ende
der Pipette ist ein Röhrchen aus vulcanisirtem
Kautschuk aufgeschoben, welches durch einen
metallenen Quetschhahn L luftdicht geschlossen
wird. In dieses Kautschukrohr ist ein kurzes
Stück einer Glasröhre eingebunden, welches
oben einen dickwandigen Ball B aus Kaut=
schuk trägt.

Um mittelst dieser Vorrichtung ein bestimmtes Quantum

von ätherischem Oel aus einer Flasche zu entnehmen, öffnet
man mit einer Hand den Quetschhahn durch Zusammen=
drücken der an den Haken desselben angebrachten Plättchen
und preßt mit der andern Hand den Kautschukball auf
eine Tischplatte, so daß die in ihm enthaltene Luft ausge=
trieben wird; läßt sodann den Quetschhahn los, welcher sich
von selbst schließt und das Eindringen der Luft in den
Kautschukball verhindert. Man setzt sodann die Pipette mit
der Korkscheibe auf den Hals der Flasche mit ätherischem
Oel, drückt die Pipette so weit hinab, daß das ausgezogene
Ende in das Oel eintaucht und öffnet vorsichtig den Quetsch=
hahn. Durch seine Elasticität sucht der zusammengedrückte
Kautschukball seine ursprüngliche Gestalt wieder anzunehmen,
und saugt, während er sich ausdehnt, Luft aus der Pipette
ein. Der äußere Luftdruck macht nun das ätherische Oel in
die Pipette aufsteigen. Sobald dasselbe bis zur gewünschten
Höhe gestiegen ist, läßt man die Plättchen des Quetsch=
hahnes frei, wodurch die Verbindung mit dem Kautschukball
aufgehoben wird und das Aufsteigen des ätherischen Oeles
sofort aufhört. Man hebt die Pipette aus der Flasche, zieht
sie von dem Kautschukrohre ab, läßt das Oel in das be=
treffende Gefäß fließen und spült den an den Wänden der
Pipette haftenden Rest des Oeles durch Eingießen von
starkem Weingeist nach.

Wer oft mit ätherischen Oelen zu manipuliren hat,
wie Liqueurfabrikanten und Parfumeure, wird das Abmessen
der ätherischen Oele, das mittelst dieser Vorrichtung mit der
größten Schärfe bewerkstelligt werden kann, gewiß dem zeit=
raubenden Abwägen derselben vorziehen.

XVII.

Die Ausbeute an ätherischen Oelen.

Die große Verschiedenheit der Pflanzenstoffe, aus welchen überhaupt ätherische Oele dargestellt werden können, bedingt schon an sich eine sehr bedeutende Verschiedenheit in Bezug auf die Quantitäten an ätherischem Oel, die man aus ihnen gewinnen kann. Wenn man z. B. die Quantitäten Oeles, welche frische Gewürznelken, Macis oder Muscat- nüsse enthalten, mit jenen vergleicht, die in der Zimmtrinde oder in der Vetiverwurzel vorkommen, so ergiebt sich schon eine sehr große Differenz; Gewürznelken geben z. B. bis zu 18 Percent an ätherischem Oel, während die beste Zimmtrinde kaum mehr als 1 Percent, höchstens 1,8 Per- cent Oel liefert. Weitaus größer ist aber noch die Differenz an dem Oelgehalte von Blüthen; 100,000 Gewichtstheile frischer Rosen liefern höchstens 8, das gleiche Quantum frischer Veilchen gar nur 4 Gewichtstheile an ätherischem Oele.

Erfahrungsmäßig enthalten frische Pflanzenstoffe mehr ätherisches Oel als welkgewordene oder alte, in denen sich die Mengen derselben durch Verharzung oder Verdampfung verringert hat. Es sei demnach Regel, für jeden Fabrikanten die Pflanzenstoffe so frisch als möglich zu verarbeiten.

Wenn man mit Blüthen zu thun hat, so fällt es oft sehr schwer, eine entsprechende Menge von Blüthen in Arbeit nehmen zu können; man muß warten, bis man das

entsprechende Quantum derselben beisammen hat. Um die Blü=
then vor der Fäulniß zu schützen, salzt man sie gewöhnlich ein,
das heißt, man bringt dieselben in Töpfe, auf deren Boden
Salz gestreut ist, preßt eine Schichte von Blüthen fest ein,
streut wieder Salz auf dieselben und füllt den Topf allmälig
bis nahe zum Rande mit abwechselnden Lagen von Blüthen
und Salz. Zum Schlusse gießt man so viel Wasser zu, daß
die Blüthen ganz davon überdeckt sind. Hat man eine ge=
nügende Menge von Blüthen beisammen, so unterwirft man
den Inhalt der Töpfe auf gewöhnliche Weise der Destilla=
tion. Bei größeren Blüthen, z. B. Rosen, empfiehlt es sich,
die Blumenblätter allein einzusalzen, die Kelche aber zu
entfernen, da diese kein ätherisches Oel enthalten.

Kräuter und Blätter kann man ebenfalls einsalzen,
zieht es aber meist vor dieselben, wenn man sie nicht sogleich
verarbeiten kann, im Schatten bei gewöhnlicher Temperatur
auszutrocknen und in mit Papier ausgeklebten Kästen, deren
Deckel mittelst Papierstreifen aufgeklebt sind, aufzubewahren.
Die Kräuter und Blätter dürfen aber erst verpackt werden,
wenn sie vollkommen lufttrocken geworden sind, indem sich
sonst an ihnen Schimmel bildet, welcher die Riechstoffe
gänzlich zerstört.

Um den Fabrikanten einige Anhaltspunkte über die
Mengen an ätherischen Oelen zu geben, welche er überhaupt
aus den Pflanzenstoffen gewinnen kann, geben wir im nach=
folgenden eine kleine Tabelle, welche die Ausbeute aus je
100 Kilogramm Substanz ersichtlich macht. Ein Blick auf
diese Zusammenstellung zeigt die großen Schwankungen,
welche der Oelgehalt selbst bei einer und derselben Pflanze
aufweist; es ist die größere Menge stets aus frischen Pflan=
zenstoffen erster Qualität erhalten worden, während die
kleinere Zahl jenen Mengen entspricht, die man aus alten

Rohmaterialien gewinnt. Getrocknete Pflanzenstoffe geben eine anscheinend größere Ausbeute, weil ein großer Theil des Wassers, welches sie enthielten, beim Austrocknen verdampft wurde.

Hundert Kilogramm:	ergeben ätherisches Oel Gramme:		
Anissamen (gereinigt ohne Spreu) . .	1600	bis	2000
Anisspreu	666	„	—
Baldrian (Valeriana officinalis) . .	1000	„	2000
Bergamotten=Früchte (100 Stück) . .	100	„	—
Bittermandelkleie	800	„	900
Brunnenkresse (Nasturtium officinalis)	5	„	6
Calmuswurzel	1000		—
Camillenöl (Matricaria camomilla), trockene Blumen	50		—
Cardamomen	1600	„	2000
Cassia (Zimmt=Cassia)	800		—
Cederholz (Juniperus virginiana) . .	1800	„	1900
Cubeben (Piper Cubeba)	8000	„	15000(?)
Dosten (Origanum vulgare)	500	„	760
Fenchel (Kraut und Samen)	3000	„	4000
Geraniumkraut	100	„	130
Hopfen { frische Blüthen	800		—
{ Hopfenmehl	2000		—
Knoblauch (Zwiebeln)	200	„	250
Kümmelsamen (gereinigt ohne Spreu)	4000	„	4500
Kümmelspreu	4000		—
Kümmel (römischer)	2800	„	3200
Lavendelkraut	1800	„	2100
Lepidiumkraut	90	„	120
Lorbeerblätter	700	„	850
Macisblüthe	5500	„	6000

Hundert Kilogramm:	ergeben ätherisches Oel Gramme :		
Mandeln, bittere	220	„	240
Majoran (frisches Kraut)	90	„	100
„ (trockenes Kraut)	400	„	500
Melissenkraut, frisches	30	„	50
Münze, Krausemünze (trocken)	1300		—
Muscatnüsse	3000	„	6000
Myrrhe	500	„	550
Myrthenblätter	250	„	300
Nelkengewürz	16000	„	18000
Orangenschalen	300	„	350
Patschulikraut	1600	„	1750
Pfeffermünzkraut, frisch	700	„	720
„ trocken	2100	„	2800
Piment	5500	„	10000
Rosenblüthen-Blätter	5	„	8
Rosengeraniumkraut	50	„	60
Rosenholz	1800	„	3000
Rosmarinkraut	1500	„	1600
Santalholz	1200	„	3500
Tropaeolumkraut	25	„	30
Thymiankraut (trocken)	80	„	120
Tonka-Bohnen (Cumarin)	1200	„	1400
Veilchen-Blüthen	3	„	4
Vetiver-Wurzel	450	„	480
Wermuthkraut	300	„	350
Zimmtrinde	450	„	1800

Zweiter Theil.

XVIII.

Beschreibung der ätherischen Oele in Bezug auf ihre Gewinnung und ihre besonderen Eigenschaften.

Es wurde schon erwähnt, daß man eine gruppenweise Eintheilung der ätherischen Oele auf die Weise vornehmen kann, daß man sie in sauerstofffreie, in sauerstoffhältige und in schwefelhältige trennt. Es ist dies aber eine Eintheilung, welche in jeder Beziehung wenig Werth besitzt und namentlich für den Chemiker ganz werthlos ist, denn wir finden unter jenen Körpern, welche nach dieser Eintheilung in eine Gruppe kommen würden, Verbindungen, welche in chemischer Beziehung sehr weit von einander abstehen und zum Theil in die Gruppe der Alkohole, der indifferenten Körper, der Säuren u. s. w. gehören.

Wir haben es daher vorgezogen, in dem vorliegenden Werke von jedem Versuche einer Classification bezüglich der chemischen Zusammensetzung der ätherischen Oele abzusehen und dieselben einfach in alphabetischer Ordnung aufzuzählen. Bei dieser Aufzählung haben wir besonders jene Eigenschaften hervorgehoben, welche für die bestimmten Oele als

charakteristische anzunehmen sind, indem wir in diesem
Theile des Werkes beabsichtigt haben, für Producenten und
Händler mit ätherischen Oelen ganz besonders jene Kenn=
zeichen hervorzuheben, welche geeignet erscheinen, die Güte
und Reinheit der Oele zu beurtheilen.

1. Acacienöl.

Die Acacienart Acacia farnesiana, welche in den
Ländern um das Mittelmeer gedeiht und in Süd=Frankreich
und längs der Riviera di Genova in eigenen Pflanzungen
gezogen wird, liefert in ihren Blüthen das Materiale zur
Gewinnung eines dickflüssigen, grünlich=gelben Oeles, das
seine Farbe wahrscheinlich einer Verunreinigung verdankt.
Das Oel, welches sowohl durch Extraction als auch durch
Absorption dargestellt wird, bildet als solches keinen Han=
delsgegenstand, da die Pflanzungen, welche die Blüthen
liefern, so wie die Fabriken, in denen das Oel dargestellt
wird, fast ausschließlich in den Händen von Parfumeuren
sind, welche zwar Producte verkaufen, die mit diesem außer=
ordentlich lieblich riechenden Oele dargestellt wurden, aber
das reine Oel selbst nicht auf den Markt bringen. Das
grün gefärbte Extrait d'acacia ist eine Lösung des Oeles
in Alkohol.

2. Anisöl (Oleum anisi).

Die Pflanzenfamilie der Umbelliferen oder Schirm=
pflanzen, denen auch die Anispflanze (Pimpinella anisum)
angehört, zeichnet sich durch einen großen Reichthum an
ätherischem Oele aus, indem nicht nur die Samen, sondern
meist die ganze Pflanze Oel enthält. Das Anisöl ist voll=
kommen farblos, wenn es frisch bereitet wird; beim Auf=
bewahren dunkelt es häufig sehr stark nach und verliert an

Lieblichkeit des Geruches. — Der Geschmack des Anisöles ist selbst in ziemlich verdünnten Lösungen noch deutlich süß und auf die Zunge brennend.

Charakteristisch und allgemein als ein Zeichen der Güte ist der hochliegende Erstarrungspunkt jedes Anisöles. Es giebt Sorten, welche schon bei 20 Graden theilweise fest werden, während andere erst bei 6 Graden erstarren. Die Ursache dieser Erscheinung rührt davon her, daß das Anisöl aus zwei gleich zusammengesetzten Oelen, von denen eines flüssig, das andere fest ist, besteht.

Das feste Anisöl riecht feiner als das flüssige und ist aus diesem Grunde leicht erstarrendes Anisöl das geschätztere; das aus Anisspreu bereitete Oel ist reicher an dem festen Bestandtheil als das aus Samen bereitete.

Als ein Gemenge verschiedener Stoffe, die in wechselnden Mengen vorhanden sind, zeigt das Anisöl, je nachdem der feste oder flüssige Bestandtheil vorwaltet, bedeutende Schwankungen in Bezug auf seinen Erstarrungs- und Siedepunkt, sowie auf sein specifisches Gewicht (seine Dichte). Es sind dies aber gerade Factoren, welche bei ätherischen Oelen für die Prüfung auf die Reinheit von großer Wichtigkeit sind; in dem vorliegenden Falle müssen wir uns damit begnügen, die äußersten diesbezüglichen Grenzwerthe anzugeben. Der größeren Uebersichtlichkeit wegen haben wir die betreffenden Daten für die wichtigsten ätherischen Oele zusammengestellt und lassen sie am Schlusse dieses Absatzes folgen.

Der Anis wird in manchen Gegenden im Großen gebaut; im Handel ist das aus Süd-Rußland stammende Product besonders geschätzt. (Allasch ist russischer Anisliqueur.) Die Hauptanwendung des Anisöles geschieht in der Liqueurfabrikation; in der Parfumerie spielt es eine mehr untergeordnete Rolle.

3. Baldrianöl (Oleum valerianae).

Die Wurzel des gemeinen Baldrians, Valeriana officinalis, liefert ein grünliches Oel, welches beim Lagern braun wird und aus einem Gemenge mehrerer Verbindungen besteht. Der Geruch des reinen Oeles hat einige Aehnlichkeit mit jenem des Terpentinöles; unreines Oel besitzt durch beigemengte Valeriansäure einen käseartigen Geruch. Bis jetzt hat dieses Oel nur beschränkte Anwendung als Arzneimittel gefunden.

4. Bergamotteöl.

Die Früchte von Citrus Bergamium, die sogenannten Bergamottebirnen, enthalten in ihren Schalen ein angenehm riechendes ätherisches Oel, welches man dadurch darstellt, daß man die Früchte in einem Blechtrichter, der innen mit Zähnen wie ein Reibeisen besetzt ist, reibt, damit die in der Schale enthaltenen Oelbehälter zerrissen werden; das abfließende Oel wird mittelst des Scheidetrichters von der wässerigen Flüssigkeit und den mitgerissenen Zellmassen getrennt, oder im Kohlensäurestrome destillirt. Das Bergamotteöl ist von hellgrüner oder gelblicher Färbung, die aber bei älterer Waare stark nachdunkelt. Beim Aufbewahren des Bergamotteöles ist die größte Vorsicht bezüglich des Abschlusses von Licht und Luft erforderlich, da dieses Oel zu den veränderlichsten gehört und bald einen wenig angenehmen, dem Terpentin ähnlichen Geruch annimmt.

Beim Bergamotteöl sieht man deutlich, daß die Bezeichnung sauerstofffreie und sauerstoffhältige Oele nur eine sehr unsichere ist, indem dieses Oel aus einem Gemenge mehrerer theils sauerstofffreier, theils sauerstoffhältiger Oele besteht. Im Handel kommen mehrere Sorten von Bergamotteöl vor, welche aber theilweise gar nicht von den Bergamotten, sondern aus den Früchten anderer Bäume aus der Familie Citrus herstammen. Am geschätztesten ist das Messineser-Bergamotteöl, minder das portugiesische.

5. Bittermandelöl (Oleum amygdal. amar.).

Das Bittermandelöl gehört zu denjenigen ätherischen Oelen, welche nicht fertig in der Natur vorkommen, sondern erst in Folge eines eigenthümlichen Zerfalles gewisser Verbindungen entstehen. Die bitteren Mandeln, welche von dem gemeinen Mandelbaum (Amygdalus communis) herstammen, enthalten nebst einer großen Menge von fettem Oele eine Verbindung, welche man als Amygdalin (Mandelstoff) bezeichnet, und eine andere, die man Emulsin benannt hat.

Wenn man bittere Mandeln zerstößt und den Brei mit Wasser anrührt, so tritt der Geruch nach bitteren Mandeln alsbald ein; das Emulsin bewirkt (auf eine noch nicht näher erklärte Weise) den Zerfall des Amygdalins in Bittermandelöl, Traubenzucker und Cyanwasserstoff (Blausäure), wobei Wasser aufgenommen wird. Folgende Gleichung giebt ein Bild von dem hier stattfindenden Vorgange.

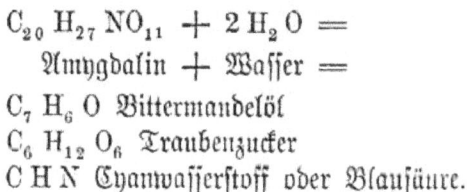

$$C_{20} H_{27} NO_{11} + 2 H_2 O =$$
$$\text{Amygdalin} + \text{Wasser} =$$
$$C_7 H_6 O \text{ Bittermandelöl}$$
$$C_6 H_{12} O_6 \text{ Traubenzucker}$$
$$C H N \text{ Cyanwasserstoff oder Blausäure.}$$

Bei der Darstellung von Bittermandelöl muß man diesen Fabrikationszweig gleichzeitig mit dem der Bereitung des fetten Mandelöles unter Beobachtung gewisser Vorsichts=maßregeln vereinigen. Man bringt die zu verarbeitenden Mandeln auf Lager, auf welchen sie durch längere Zeit verbleiben, bis sie recht gut ausgetrocknet sind; man erkennt dies an dem Hartwerden der Mandeln und dem Krachen derselben beim Zerbrechen. Die ganz ausgetrockneten Mandeln werden sodann zu ziemlich feinem Pulver zerstampft und in sehr kräftigen hydraulischen Pressen so viel nur möglich ausgepreßt, wobei man 36 bis 40 Percente fettes Mandelöl gewinnt.

Es ist nicht nur wegen der erhöhten Ausbeute an fettem Oel zu empfehlen, möglichst stark zu pressen, sondern auch darum, weil erfahrungsmäßig das fette Oel die Eigen=schaft besitzt, das ätherische mit so großer Kraft zurückzu=halten, daß selbst lange andauerndes Destilliren mit Wasser fettes Oel nicht geruchlos macht. Da beim Abpressen von fetten Oelen durch Anwendung von Wärme eine größere Menge an Oel gewonnen wird, so preßt man auch die bitteren Mandeln in der Wärme; man darf aber hierbei nicht über 50 Grade hinausgehen, da das Emulsin seine Wirkung, aus Amygdalin Bittermandelöl zu bilden, bei etwa 80 Graden verliert und überdies schon bei längerem Erwärmen in der Wirkung geschwächt wird.

Die Umwandlung des Amygdalins in Bittermandelöl muß möglichst vollständig vor sich gehen und erhält man nach folgendem von uns oft erprobtem Verfahren die größtmögliche Ausbeute an ätherischem Oele.

Man bringt den Preßkuchen aus der hydraulischen Presse, nachdem man ihn in kleine Stücke zertheilt hat, in die Destillirblase und übergießt ihn mit Wasser von höchstens

50 Graden Wärme; heißeres Wasser ist unbedingt zu ver=
meiden, indem sonst hierdurch das Emulsin unwirksam
würde. Nach einigen Stunden ist die Umsetzung beendet
und man kann sofort zur Destillation des ätherischen Oeles
schreiten.

Beim Destilliren des rohen Bittermandelöles verdampft
mit dem Oele auch der Cyanwasserstoff oder die Blausäure.
Dies ist aber der giftigste Körper, den wir überhaupt
kennen; man muß daher ganz besondere Sorge dafür tra=
gen, daß die Destillate vollkommen verdichtet werden und
nicht Blausäuredämpfe in den Arbeitsraum gelangen. Da
aber die Blausäure einen verhältnißmäßig niederen Siede=
punkt besitzt, so ist das vollständige Verdichten eine schwie=
rige Arbeit.

Es ist aber leicht möglich, die Blausäure auf die
Weise ganz unschädlich zu machen, daß man das untere
Ende des Kühlrohres mittelst eines Korkes luftdicht an
eine große Flasche fügt, in der sich ätherisches Oel und
Wasser verdichten können; in den Kork ist auch ein Glas=
rohr eingepaßt, welches direct in eine Feuerung, z. B. die
des Dampfkessels führt. Die aus der Flasche unverdichtet
entweichenden Blausäuredämpfe gelangen durch dieses Rohr
in das Feuer und werden daselbst durch Verbrennung un=
schädlich gemacht.

Beim Bittermandelöl ist die Destillation mit Hilfe
von indirectem Dampf, das heißt von solchem, welcher nicht
in die zu destillirende Masse gelangt, ein Gebot der Noth=
wendigkeit, da das Bittermandelöl im Wasser ziemlich leicht
löslich ist und man bei directer Destillation mit Wasser
zwar aromatisirtes Wasser aber kein ätherisches Oel als
solches erhalten würde.

Das rohe Bittermandelöl, wie es durch Destillation

gewonnen wird, sollte, wegen seines hohen Blausäuregehaltes
gar nicht in den Handel gebracht werden dürfen, da schon
wenige Tropfen desselben hinreichen, einen Menschen zu
tödten. Leider wird gerade das rohe Oel häufig zu phar=
maceutischen Zwecken verwendet und wird häufig das De=
stillat der Kirschlorbeerblätter (Prunus laurocerasus), wel=
ches ebenfalls Bittermandelöl und Blausäure enthält, gerade
wegen seines Gehaltes an letzterem als Arzneimittel ver=
wendet. Da alle Prunus= und Amygdalusarten Amygdalin
enthalten, so erklärt sich hieraus der Gehalt an Bitter=
mandelöl und Blausäure beim echten Maraschino (Pfirsich=
branntwein), beim Kirschwasser und Weichselbranntwein.

Man kann das Bittermandelöl durch Schütteln mit
Kalk von einem großen Theile der Blausäure befreien; voll=
kommen frei von Blausäure ist es aber nur durch folgen=
des Verfahren zu erhalten: Man mischt dem Oele eine
Auflösung von Eisen in einem Gemisch aus 5 Salzsäure
und 1 Salpetersäure bei, fügt Kalkwasser hinzu und rührt
die Flüssigkeiten tüchtig durcheinander. Nach einiger Zeit
bringt man das ganze Gemisch in die Destillirblase und
rectificirt auf gewöhnliche Art, wodurch man es frei von
jeder Spur von Blausäure, demnach auch ganz giftfrei
erhält.

Das Bittermandelöl gehört zu den bestgekannten
ätherischen Oelen, und ist in chemischer Beziehung Benzoyl=
wasserstoff oder Benzoylaldehyd. Man kann es in der That
ganz auf künstlichem Wege darstellen, doch findet dieses
Verfahren bis nun in der Praxis keine Anwendung, da
die Herstellung des Oeles aus Bittermandeln gegenwärtig
noch billiger zu stehen kommt.

Ganz reines Bittermandelöl ist farblos, sehr stark
lichtbrechend und von ungemein ausgiebigem Bittermandel=

geruch. Durch die Einwirkung der Luft verwandelt es sich
allmälig in eine geruch= und farblose Krystallmasse, welche
aus Benzoësäure besteht. Licht wirkt auf diese Umsetzung
fördernd ein und sollte Bittermandelöl aus diesem Grunde
nur in luftdicht geschlossenen Flaschen, welche mit einer
ganz undurchsichtigen Hülle versehen sind, aufbewahrt werden.

Das auf künstlichem Wege dargestellte Bittermandelöl
unterscheidet sich in nichts von dem aus den Mandeln ge=
wonnenen; man darf aber dieses Product nicht mit dem
„künstliches Bittermandelöl“ genannten Körper verwechseln,
welches eine ganz andere Verbindung ist und nur wegen
ihres dem Bittermandelöle ähnlichen Geruches so bezeichnet
wurde, der Name dieser Verbindung ist Nitrobenzol, im
Handel wird sie auch Mirbanöl oder Mirban=Essenz genannt.

Das Nitrobenzol findet vielfache Anwendung in der
Parfumerie und zwar ganz besonders zur Anfertigung von
(sogenannten) Bittermandelseifen, welche billig im Preise
stehen sollen. Aus diesem Grunde geben wir eine Beschrei=
bung der Darstellung und der Eigenschaften dieser Ver=
bindung.

Das Nitrobenzol

wird erhalten, wenn man Benzol (einem bei der Rectifi=
cation des Steinkohlentheers in großen Massen gewinnbaren
flüssigen Körper) mit Salpetersäure zusammenbringt. Die
Darstellung geschieht auf folgende Weise: Man bringt in
einen geräumigen Steinzeugtopf, der in einem Gefäße steht,
welches kaltes Wasser enthält, einige Kilogramm Benzol
und gießt zu demselben rothe rauchende Salpetersäure. Die
Einwirkung beginnt sogleich, die Flüssigkeit erwärmt sich
sehr stark und entwickelt eine große Menge von erstickend
riechenden Dämpfen von Untersalpetersäure und soll daher

das Gefäß im Freien stehen. Sobald die Entwickelung der
Dämpfe nachläßt, fügt man eine neue Partie von Salpeter=
säure zu und wiederholt dies so oft, als auf jeden neuen
Zusatz eine stürmische Einwirkung stattfindet.

Es ist jedoch zweckmäßig, die Operation sogleich zu
unterbrechen, sobald man merkt, daß keine kräftige Gasent=
wickelung erfolgt. Setzt man dann noch weiter Salpetersäure
zu, so wird das eben gebildete Nitrobenzol noch weiter ver=
ändert und verwandelt sich theils in eine harzartige Masse,
theils in Trinitrophenylsäure (Pikrinsäure). Der ganze In=
halt des Topfes wird in ein geräumiges Gefäß mit Wasser
gegossen und mit diesem verrührt; nach einiger Zeit hat
sich das Nitrobenzol wieder vom Wasser geschieden, welches
nun stark gelb gefärbt erscheint. Man wiederholt das
Waschen mit Wasser so oft, bis letzteres nur mehr schwach
gelb gefärbt wird und rectificirt sodann das Nitrobenzol,
welches bei 213 siedet, wo möglich in gläsernen Gefäßen
und stets mit Wasser, da es ohne Wasser der Destillation
unterworfen, leicht explodirt. Durch mehrmaliges Rectifi=
ciren, besonders wenn man jeden Ueberschuß an Salpeter=
säure sorgfältig vermieden hat, erhält man das Nitrobenzol
vollständig farblos, gewöhnlich ist es blaßgelb gefärbt.

Der Geruch des Nitrobenzols ist, wie erwähnt, jenem
des Bittermandelöles sehr ähnlich; bei directer Vergleichung
beider Substanzen läßt sich aber der Unterschied leicht her=
ausfinden und besitzt dann der Geruch des Nitrobenzols
nur mehr eine geringe, so zu sagen plumpe Aehnlichkeit mit
jenem des Bittermandelöles. Das Nitrobenzol ist eine giftig
wirkende Verbindung, darf demnach nie zur Bereitung von
Liqueuren benützt werden, kann aber recht gut zur Anfer=
tigung billiger Toiletteseifen verwendet werden. In chemischer

Beziehung gehört es zu einer von den ätherischen Oelen ganz verschiedenen Gruppe von Verbindungen.

6. Cajeputöl (Oleum Cajeputi).

Dieses Oel stammt von verschiedenen Myrthengewächsen, welche zu der Gattung Melaleuca gehören, als Melaleuca Cajeputi, M. leucodendron, M. trinerois und anderen, welche in Ostindien, namentlich auf den Gewürzinseln, heimisch sind. Das im Handel vorkommende Cajeputöl wird aus Indien in kupfernen Flaschen zu uns gebracht und ist durch aufgelöstes Kupfer grün gefärbt, wird aber durch Rectification mit Wasser farblos und besitzt dann einen eigenthümlichen, starken Geruch, welcher mit jenem des Rosmarinöles und des Camphers verglichen werden kann. Obwohl über dieses Oel noch sehr wenige Untersuchungen vorliegen, so können wir dasselbe schon jetzt als ein Gemenge sehr verschiedener Stoffe bezeichnen, was die großen Schwankungen, welche wir bezüglich der Dichte und des Siedepunktes desselben wahrnehmen, erklärlich macht.

7. Calmusöl (Oleum Calami).

Dieses für die Parfumerie, wie für die LiqueurFabrikation gleich wichtige Oel stammt aus dem Wurzelstocke des bekannten Calmus (Acorus calamus), einer bei uns häufig vorkommenden Sumpfpflanze, aus welchem es durch Destillation abgeschieden werden kann. Das Calmusöl ist dickflüssig, von dunkelgelber oder rothgelber Farbe und muß vor dem Lichte geschützt werden, da es sich sonst stark verdickt und bei Gegenwart von Luft harzig wird. Der Geruch dieses Oeles ist sehr kräftig, sein Geschmack stark brennend.

8. Camillenöl (Oleum camomillae).

Im Droguenhandel kommen zwei Gattungen von Camillenöl vor: grünes und blaues. Das erstere stammt aus den Blüthen der echten oder römischen Camille (Anthemis nobilis), das blaue aber von der gewöhnlichen Camille (Matricaria Chamomilla), die eine unserer gemeinsten Wiesenblumen ist. Dieses ist jenes Oel, welches gewöhnlich in der Liqueur= und Parfum=Fabrikation, sowie in der Arzneikunde angewendet wird.

Das blaue Camillenöl

wird gewöhnlich durch Destillation dargestellt. Bei dieser ist aber die Vorsicht zu gebrauchen, metallene Florentiner= Flaschen anzuwenden, da das Oel an gläsernen Gefäßen sehr stark anhaftet, und das Destillat mit Aether zu behandeln, welcher ein farbloses Oel auflöst. Das auf diese Weise erhaltene reine Oel besitzt eine sehr schöne blaue Färbung und bildet auch beim Erhitzen blaue Dämpfe. Diese charakteristische Färbung verdankt es einem eigenthümlichen blauen Farbestoffe; der Geruch des Oeles ist durchdringend stark und wird erst bei starker Verdünnung jenem der Camillen ähnlich. Beim Aufbewahren im Lichte und gleichzeitiger Gegenwart von Luft wird das Camillenöl grün, später braun und geht endlich in eine dickflüssige bräunliche Masse über.

Das grüne Camillenöl

oder Anthemisöl, aus den römischen Camillen, besitzt einen angenehmen Geruch nach frischen Citronen, wird aber seltener angewendet als das vorgenannte.

9. Der Campher (Camphora).

Jenes Product, welches man mit dem Collectionamen Campher bezeichnet, zeigt mitunter sehr verschiedene chemische Eigenschaften; im Allgemeinen ist jeder Campher eine farb- lose, krystallinische Substanz, welche einen starken aromati- schen Geruch verbreitet, flüchtig und brennbar ist. Im Handel unterscheidet man zwei Sorten des Camphers, den chinesi- schen, japanesischen oder Laurineen-Campher und den Borneo- Campher, welche zwei streng von einander unterscheidbare Producte bilden.

Der Laurineen-Campher

ist das ätherische Oel eines in China und Japan heimischen Baumes — daher die Benennung chinesischer oder japane- sischer Campher — aus der Familie der Lorbeergewächse, Laureus Camphora, und findet sich in dem Holze desselben bisweilen in deutlichen Krystallen vor. Zum Zwecke der Gewinnung dieses ätherischen Oeles kocht man das Holz des Campherbaumes mit Wasser aus, sammelt die beim Erkalten des Wassers an der Oberfläche erstarrende Masse oder setzt über den Kessel, in welchem das Kochen vorge- nommen wird, einen zweiten, der mit Stroh ausgefüttert ist und in welchem sich der Campher verdichtet.

Der auf diese Weise erhaltene Campher ist noch un- rein, grau gefärbt; er wird gewöhnlich erst in Europa durch Sublimiren in Glasgefäßen unter Zusatz von Kalk gereinigt und stellt dann krystallinische Massen dar, welche weiß durchscheinend im Aussehen dem Alabaster ähnlich sind und sich wegen ihrer Zähigkeit schwer pulvern lassen. Der Laurineen-Campher gehört zu den sogenannten sauerstoffhäl- tigen ätherischen Oelen und besitzt die Zusammensetzung $C_{10} H_{16} O$.

Der Borneo-Campher,

welcher im europäischen Productenhandel nur selten vor-
kommt, stammt von dem auf Borneo heimischen Baume
Dryobalanops Camphora, in dessen Holz er in krystallisirten
Massen ausgeschieden wird.

In seinen Eigenschaften dem Laurineen-Campher sehr
ähnlich, unterscheidet sich aber der Borneo-Campher von
diesem durch einen viel höheren Preis, indem namentlich
die Völker des östlichen Asiens den Borneo-Campher als
Arznei sehr hoch schätzen und demzufolge theuer bezahlen.

Die Anwendung des Camphers ist eine ausgedehnte;
die Chinesen und Japanesen lieben den Geruch desselben
sehr; der eigenthümliche Geruch der aus diesen Ländern
stammenden Producte rührt meist von Campher her. In
Europa findet der Campher als Arzneimittel, als Mittel
zur Conservirung von Naturalien-Sammlungen, sowie zur
Fabrikation gewisser Parfumerien und Firnisse eine ausge-
breitete Anwendung.

10. Campheröl (Oleum camphorae).

Dieses ätherische Oel stammt von demselben Baume,
von welchem der Borneo-Campher herrührt und fließt aus
Einschnitten, welche man in junge Stämme macht, als dickflüssige terpentinölartige Masse aus, welche auch dem Terpentine ähnlich riecht; es hat bis nun, in Europa wenigstens, keine nennenswerthe Verwendung gefunden.

11. Cederöl (Oleum cedri),

nicht zu verwechseln mit dem Cedroöle des Handels, unter
welchem Namen auch das Citronenöl (eigentlich Oleum citri)
in den Handel gebracht wird. Das Cederöl oder Cederholzöl

stammt aber auch nicht, wie der Name vermuthen ließe, von der Ceder des Libanon, dem eigentlichen Cederbaume, sondern von einer in Nordamerika heimischen Wachholderart Juniperus virginiana. Das feine, weiche, rothbraune und duftende Holz dieses Baumes dient zum Fassen feiner Bleistifte und zu Cigarrenkistchen. Das Oel wird aus dem feingeraspelten Holze durch Destillation dargestellt und ist bei gewöhnlicher Temperatur meist butterartig oder mindestens sehr dickflüssig, welche Eigenschaft es der Beimengung einer campherähnlichen Verbindung verdankt. Das aus dieser Masse durch Pressen abgeschiedene eigentliche ätherische Cederöl ist farblos, sehr dünnflüssig und erstarrt erst bei sehr großer Kälte, verharzt aber an der Luft ungemein leicht. Der Geruch desselben ist ein sehr angenehmer und wird dieses Oel darum sehr häufig in der Parfumerie verwendet.

12. Citronenöl (Oleum citri).

In der Parfumerie begreift man unter dem Sammelnamen Citronenöle mehrere ätherische Oele, welche zwar alle Gerüche zeigen, die untereinander eine gewisse Aehnlichkeit besitzen, aber von Pflanzen stammen, welche sehr verschieden von einander sind; in der Parfumerie macht man von sämmtlichen häufig Anwendung, da ihnen allen ein eigenthümlich erfrischender Geruch eigen ist.

Das echte Citronenöl stammt aus der Frucht des Citronenbaumes Citrus medica, in deren Schale es sich in so großer Menge vorfindet, daß beim Zusammendrücken der Schale das Oel aus den platzenden Oeldrüsen hervorspritzt und in der Nähe einer Flamme kleine Feuerstrahlen bildet. Man kann das Oel entweder auf ähnliche Weise darstellen, wie das Bergamotteöl, indem man die Schalen der Citronen zerreibt oder dieselben mit Waffer deſtillirt; letzteres Verfahren liefert mehr und reineres Oel als das erſtere.

Das gereinigte Citronenöl iſt farblos, von ſtarkem angenehmen Geruch und brennendem Geſchmack, aber außerordentlich empfindlich gegen Licht und Luft. Beim Stehen am Lichte wird es gelb; hat gleichzeitig Luft Zutritt, ſo verwandelt es ſich Anfangs in eine durch ihren Ozongehalt ſtark bleichend wirkende Flüſſigkeit, die allmälig einen unangenehmen, dem Terpentinöle ähnlichen Geruch annimmt und ſchließlich ganz verharzt.

Das Citronenöl kommt im Handel häufig verfälſcht vor und zwar meiſt mit Pomeranzenöl oder auch, obwohl ſeltener, mit Bergamotteöl. Da wir den Verfälſchungen der ätheriſchen Oele noch einen beſonderen Abſchnitt dieſes Buches widmen müſſen, ſo ſei hier nur derſelben Erwähnung gethan; die Art der Verfälſchungen und die Mittel ſie zu erkennen, werden wir ſpäter beſprechen.

13. Citronellaöl (Oleum citronellae),

kommt aus Indien, namentlich von Point de Galle, in den Handel und ſtammt von dem ſogenannten Citronengraſe, Andropogon Schoenanthus, welches auf Ceylon eigens zum Zwecke der Darſtellung dieſes Oeles cultivirt wird. Es riecht dem Citronenöle ziemlich ähnlich und wird in der Parfumerie vielfach anſtatt des echten Citronenöles angewendet.

14. Citronengrasöl

ſtammt von dem auf Java, Sumatra, ſowie auf Ceylon cultivirten Bartgraſe, Andropogon nardus, und wird dort in großen Mengen dargeſtellt. Es iſt waſſerhell und von

bezauberndem Wohlgeruche, der jenem des echten Citronen=
öles, gleichzeitig aber auch dem des Rosenöles und Rosen=
geraniumöles ähnlich ist.   Die duftende Flüssigkeit, welche
von den Türken als Idris Jaghi bezeichnet wird und häufig
als „echtes Rosenöl" nach Europa geht, ist meist nur das
Citronengrasöl.

15. Corianderöl (Oleum Coriandri),

stammt von dem Samen der in Italien häufig cultivirten
Corianderpflanze, Coriandrum sativum, ist farblos, schmeckt
und riecht stark gewürzhaft.   Es wird besonders in der
Liqueur=Fabrikation und zum Parfumiren von Seifen
angewendet.

16. Cubebenöl (Oleum Cubebarum).

Das aus den Früchten einer Pfefferart, Piper Cubeba,
in reichlicher Menge darstellbare Oel besteht aus einem
festen Campher, dem Cubeben=Campher, und aus dem sehr
flüchtigen, eigentlichen ätherischen Cubebenöle. Das Cubebenöl
(aus Campher und flüchtigem Oele bestehend) findet viel=
fache Anwendung in der Liqueur=Fabrikation.

17. Das Cumarin.

Dieser lieblich riechende Körper, welchen man nicht
füglich als ätherisches Oel, sondern besser als Riechstoff zu
bezeichnen hat, kommt in der Natur sehr häufig vor und
verleiht vielen Pflanzen ihren Duft. Der angenehme Geruch
des Heues rührt von Cumarin her, der Waldmeister, Aspe-
rula odorata, welcher zur Bereitung des Mai=Weines dient,
das Ruchgras, Anthoxantum odoratum; die Rinde der
Steinweichsel, Prunus Mahaleb; der Honigklee, Melilotus
officinalis und vieler anderer bei uns heimischer Pflanzen

rührt von Cumarin her. Weit aber werden diese Pflanzen
bezüglich ihres Gehaltes an Cumarin von den Samen des
Tonkabaumes, Baryosma odorata oder Dipterix odorata,
welcher in Guiana heimisch ist, übertroffen.

Diese Samen, die sogenannten Tonkabohnen (Fabae
de Tonka) kommen im Handel in zwei Sorten vor; die
englischen Tonkabohnen sind klein (2 Cm.) lang, schwarz
und matt; die holländischen erreichen bis zu 4 Cm. Länge,
sind an der Oberfläche bräunlich und mit einer faltigen Haut
überzogen; im Inneren sind die Tonkabohnen weiß oder
gelblich und findet man nicht selten in ihnen Krystalle von
Cumarin abgelagert.

Das Cumarin wird durch Destillation der gemahlenen
oder zerstoßenen Bohnen mit Wasser dargestellt; das Wasser
wird in Glasflaschen sich selbst überlassen; im Verlaufe
einiger Tage scheidet sich aus demselben Cumarin in Kry=
stallen ab, ein Theil bleibt jedoch gelöst und kann dem
Wasser durch Schütteln mit Benzol oder Petroleumäther
entzogen und durch Destilliren aus dieser Lösung gewonnen
werden.

Einfacher erhält man Cumarin durch mehrmaliges
Auskochen der zerstampften Bohnen mit Weingeist, in wel=
chem sich neben Fett und Cumarin noch andere Stoffe,
Farbstoffe u. s. w. lösen. Von dem so erhaltenen Extract
wird der Weingeist abdestillirt und der Rückstand mit der
zehnfachen Menge Wasser gemischt, wodurch Cumarin und
Fett aus der Lösung gefällt werden. Man kocht diesen
Niederschlag mit heißem Wasser, wodurch das Fett ver=
flüssigt, das Cumarin aber gelöst wird. Die Flüssigkeit
wird heiß durch mehrere Schichten von Löschpapier filtrirt,
wobei das Fett von dem Papiere zurückgehalten wird, wäh=
rend sich aus der erkaltenden Flüssigkeit Cumarin ausscheidet.

Das Cumarin kann durch Umkrystallisiren aus kochendem Wasser gereinigt werden und stellt dann kleine seidenglänzende Krystalle dar, die sich durch leichte Löslichkeit in heißem Wasser, bitteren Geschmack und äußerst lieblichen Geruch auszeichnen. In Folge der letztgenannten Eigenschaft findet das Cumarin ausgedehnte Anwendung in der Liqueur-Fabrikation und Parfumerie.

18. Dillöl (Oleum anethi).

Das bekannte Küchengewächs Anethum graveolens enthält in seinen Samen ein angenehm riechendes ätherisches Oel, welchem die Pflanze ihre Verwendung verdankt. In der Parfumerie benützt man das aromatische Dillwasser zu Waschmitteln.

19. Das Dragonöl

aus dem Dragonkraut oder Esdragonkraut, Artemisia Dracunculus dargestellt, dient weniger zu Parfumeriezwecken als zum Wohlriechendmachen des Tafelessigs.

20. Das Fenchelöl (Oleum Foeniculi),

wird aus der Fenchelpflanze Foeniculum officinale gewonnen. Es ist in reinem Zustande farblos, von brennend scharfem Geschmack und angenehmem Fenchelgeruch und wird in der Parfumerie zum Parfumiren von Seifen, sowie zu Waschmitteln, besonders aber in der Liqueur-Fabrikation verwendet.

21. Fliederblüthenöl (echtes),

aus den Blüthen von Syringa vulgaris, wird durch Destillation der Blüthen mit Wasser und Entziehen des Riechstoffes mittelst Benzol dargestellt; noch häufiger aber durch

die Absorptionsmethode bereitet und dient zu den kostbarsten
Parfümerien.

22. Fliederöl (Oleum sambuci),

oft mit dem vorgenannten verwechselt, stammt von den
Blüthen des Hollunders Sambucus nigra und wird dadurch
gewonnen, daß man ganz frische Blüthen des Hollunders
mit Wasser destillirt, in welchem sich das Oel auflöst. Um
das Wasser stärker mit dem Oele zu sättigen — die Blüthen
des Hollunders enthalten außerordentlich geringe Mengen
an Oel — benützt man dieses erste aromatische Wasser
neuerdings zur Destillation frischer Blüthen und schüttelt
dasselbe mit Petroleumäther, der dem Wasser das Oel
entzieht.

Da es schwer hält, größere Quantitäten von aroma-
tischem Wasser mit Petroleumäther genügend zu schütteln,
so kann man sich hierzu mit Vortheil einer einfachen mechanischen Vorrichtung bedienen, welche aus einem Blech-
Cylinder besteht, der in verticaler Stellung so aufgehängt ist,
daß in seiner Mitte eine Axe senkrecht auf die Cylinderaxe
durchgeht, um welche sich die ganze Vorrichtung drehen
läßt. Durch eine mittelst einer Schraube schließbare Oeffnung wird der Cylinder mit Wasser und Petroleumäther
bis zu Dreiviertel gefüllt, verschlossen und langsam gedreht.
Die Flüssigkeiten, welche von einer Bodenfläche des Cylinders auf die andere fallen, werden hierdurch innig gemengt
und erfolgt die Aufnahme des ätherischen Oeles durch den
Petroleumäther in verhältnißmäßig kurzer Zeit und sehr
vollständig.

Das reine Fliederblüthenöl ist grünlich- oder gelblich-
weiß, krystallinisch und von butterartiger Beschaffenheit, hat
einen betäubenden Wohlgeruch und findet in der Parfümerie

vielfache Anwendung, gewöhnlich in Verbindung mit anderen ätherischen Oelen.

23. Geraniumöl (Oleum geranii),

auch Palmarosa-Oel, Gingergras-Oel genannt; eines der wichtigsten Oele für Parfumerie-Zwecke. Es stammt aus den Blättern des Rosenblatt-Geraniums, Geranium odoratissimum, welcher in großen Mengen im südlichen Frankreich, in der Türkei, und auch in Indien und Afrika gepflanzt wird. Die aus den heißen Ländern stammenden Oele sind jedoch minder geschätzt, als das französische Product. Durch Destillation mit Wasser erhält man das Oel mit grünlicher, oder bräunlicher Farbe, durch Extraction mit Petroleumäther ganz farblos; übrigens wird im Handel gerade das dunkler gefärbte Oel dem wasserklaren vorgezogen.

Das Geraniumöl zeigt einen sehr angenehmen Geruch, welcher jenem der Rosen sehr ähnlich ist und wird aus diesem Grunde Rosenöl sehr häufig mit Geraniumöl verfälscht, ja sogar letzteres unter der Bezeichnung Rosenöl verkauft. Uebrigens bietet gerade dieses Oel gute Gelegenheit, die fast unglaublichen Fälschungen, die mit ätherischen Oelen getrieben werden, zu studiren; das Geraniumöl wird seinerseits wieder mit Citronengrasöl verfälscht, so daß man nicht selten in einem sogenannten Rosenöl: alle drei der vorgenannten Oele, Rosen-, Geranium- und Citronengrasöl, antrifft.

24. Hopfenöl (Oleum Lupuli).

Dieses Oel, welches zwar keine Anwendung in der Parfumerie findet, erlangt eine immer größere technische Wichtigkeit und zwar für die Zwecke der Bierbrauerei, in dem es vielfältig dazu benützt wird, dem Biere sein bekanntes

Aroma, sowie auch Haltbarkeit zu geben. In manchen Brauereien, namentlich in solchen, welche mittelst Malzextract arbeiten, findet das Hopfenöl bedeutende Anwendung.

Der Hopfen, Humulus lupulus, ist bekanntlich eine sogenannte zweihäusige Pflanze, das heißt, auf gewissen Pflanzen kommen nur Staubblüthen, auf andern nur Stempelblüthen vor. Letztere bestehen aus kleinen lockeren und häutigen Zapfen von grünlicher Farbe, unter deren Blättern sich in gelbes Pulver, das Hopfenmehl vorfindet. Obwohl auch die Blätter Hopfenöl enthalten, so sind doch die Stempelblüthen daran am reichsten.

Man stellt das Hopfenöl entweder durch Destillation mit Wasser, oder besser mittelst directen Dampf dar; im reinen Zustande ist es schwach gelblich gefärbt, schmeckt brennend scharf und riecht betäubend nach Hopfen. Im Wasser ist es so weit löslich, daß dieses darnach schmeckt und riecht; weit leichter löslich ist es jedoch in alkoholhaltigen Flüssigkeiten, wie das Bier eine solche ist. Obwohl alle ätherischen Oele, wie es scheint, die Eigenschaft besitzen, auf Gährungsvorgänge hemmend einzuwirken, so kommt diese dem Hopfenöle in besonders hohem Grade zu, daher seine Anwendung in der Brauerei.

25. Heliotropium=Oel.

Die sogenannte falsche Vanille unserer Gärten, ein kleiner violett blühender Strauch mit herrlichem Dufte, die peruanische Sonnenwende, Heliotropium peruvianum, enthält in ihren Blüthen ein Oel, welches früher ausschließlich durch das Absorptions=Verfahren gewonnen wurde, das aber nach unseren Erfahrungen in ebenso guter Qualität mittelst Extraction unter Anwendung von Petroleumäther dargestellt werden kann. Es findet dieses Oel namentlich

wegen seines herrlichen Duftes in der Parfümerie Anwen=
dung zur Bereitung von Pomaden und Essenzen.

26. Ingweröl.

Die in Ostindien heimische Gewürzpflanze der Ingwer
Zingiber officinalis enthält in ihrem Wurzelstocke (Ing=
werknollen des Handels) eine bedeutende Menge eines röth=
lichgelb gefärbten Oeles von starkem Geruche und feurig
brennendem Geschmack; man verwendet es in geringen
Mengen als Zusatz zu gewissen Liqueuren.

27. Jasminöl (echtes).

Das echte Jasminöl stammt von dem in, wärmeren
Ländern heimischen, in Südfrankreich und längs der Riviera
cultivirten Jasmin und darf nicht mit dem Oele des
Pfeifenstrauches verwechselt werden, welcher als deutscher
Jasmin benannt wird. Das echte Jasminöl wird aus=
schließlich durch das Absorptions=Verfahren gewonnen und
zu den feinsten Parfümerien verwendet. Im Handel ist es
so gut wie gar nicht zu haben; die sogenannte Essence de
jasmin der französischen Fabriken ist eine Lösung des Oeles
in starkem Weingeist, wie sie durch Extrahiren des Fettes
gewonnen wird, das den Riechstoff absorbirte.

28. Kirschlorbeeröl (Oleum lauroceras).

Der Kirschlorbeer, Prunus laurocerasus, enthält, wie
schon erwähnt wurde, in seinen Blättern Amygdalin; das
wässerige Destillat derselben enthält ein Oel, welches mit
dem der Bittermandeln identisch ist, wird aber nicht wegen
seines Gehaltes an diesem Stoffe, sondern wegen seines
Blausäure=Gehaltes in den Apotheken benützt.

29. Knoblauchöl.

Dieses Oel, welches besonders dadurch interessant ist,
daß es schwefelhaltig ist, kommt in der Natur in mehreren

Pflanzen vor, deren eigenthümlichen Geruch es bedingt;
namentlich findet es sich häufig in den Alliumarten, so in
der Küchenzwiebel und in besonders großen Mengen im
Knoblauche. Es entsteht aber auch durch chemische Processe,
welche gewisse Aehnlichkeit mit den bei der Bildung von
Bittermandelöl haben, wenn man die Samen des Rettigs,
des Hirtentäschchens und anderer Pflanzen mit Wasser
einige Zeit in Berührung läßt und dann destillirt.

Am einfachsten erhält man dieses Oel durch Destillation
der Zwiebeln des Knoblauches mit Wasser in Form eines
braunen Oeles, welches schwerer als Wasser ist und den
penetrantesten Knoblauch=Geruch besitzt. Seiner chemischen
Beschaffenheit nach ist das Knoblauchöl Schwefelallyl
$(C_3 H_5)_2$ S.

30. Kümmelöl (Oleum Carvi).

Samen und Spreu der bekannten aromatischen Pflanze
Carum Carvi geben ein farbloses, brennend schmeckendes
und sehr kräftig riechendes Oel; das aus den Samen bereitete riecht jedoch ungleich feiner als das aus der Spreu
destillirte. Altes Kümmelöl ist gelb und von saurer Reaction;
im Handel kommt Kümmelöl häufig gefälscht und zwar mit
Terpentinöl gemischt vor. Dieses Oel wird in sehr bedeutenden Mengen — besonders geschätzt ist das römische Kümmelöl
— in der Liqueurfabrikation, verwendet, findet aber auch in
der Seifenfabrikation zum Parfumiren billiger Toilette=
Seifen Anwendung.

Das römische Kümmelöl (Oleum cymini).

Der römische Kümmel, Cuminum Cyminum, gieb
ein goldgelbes Oel von würzigem Geschmack und einer
Geruche, der von dem des gemeinen Kümmelöles abweichen

ist. Beim Stehen an der Luft geht dieses Oel rasch in einen saueren Körper, in Cuminsäure über.

31. Lavendelöl (Oleum lavandulae).

Als Lavendelöl kommen im Handel mehrere Sorten von Oelen vor, welche aber in Bezug auf Wohlgeruch und demnach auch im Preise sehr verschieden sind. Man unterscheidet echtes Lavendelöl und bei diesem wieder englisches und französisches Oel (Lavande des alpes) und das sogenannte Spiklavendelöl.

Das echte Lavendelöl (Oleum lavandulae vera) stammt von dem Gartenlavendel Lavandula vera und L. angustifolia, welche man im südlichen Frankreich, besonders aber in England in großen Mengen anbaut. Das englische Lavendelöl ist die am höchsten geschätzte und wird vier= bis fünfmal höher bezahlt, als die beste französische Waare. Am theuersten wird das aus den vom Kraute getrennten Blüthen erhaltene Oel bezahlt.

Das Lavendelöl gehört zu jenen ätherischen Oelen, welche eine große Empfindlichkeit gegen Licht und Luft besitzen; altes Lavendelöl verliert seinen Duft vollständig und ist in seinem Geruche kaum von rectificirtem Terpentinöl zu unterscheiden. Das Lavendelöl wird nicht nur für sich zu den feinsten Parfumerien als Essenzen und hochfeiner Seifen, sondern auch in Wasser gelöst, als aromatisches Lavendel= wasser als beliebtes Mundwasser verwendet.

Das Spiklavendelöl (Oleum lavandulae), aus dem Spiklavendel Lavandula spica destillirt, riecht für sich allein ganz gut, aber mit feinem englischen echtem Lavendelöle verglichen, geradezu ordinär und steht auch kaum ein Zehntel so hoch im Preise als dieses.

32. Limon= und Limetteöl. (Oleum limoni).

Aus den Schalen verschiedener Citrusarten, besonders aus jenen der Limone (Citrus Limonum) und der Limette (Citrus Limetta) gewinnt man ätherische Oele, welche mit dem Oele der echten Citrone große Uebereinstimmung be= züglich des Geruches als auch der übrigen Eigenschaften haben und auch darin dem echten Citronenöle gleichen, daß sie wie dies leicht an Feinheit des Geruches durch Berührung mit Luft einbüßen. Wir halten es für wahrscheinlich, daß alle von den verschiedenen Citrus=Arten abstammenden Oele ein und derselbe Körper sind, denn auch die chemische Zusammensetzung und viele physikalischen Eigenschaften sind bei allen die gleichen.

33. Lorbeeröl (Oleum lauri).

Der edle Lorbeer, Laurus nobilis, enthält in seinen Früchten viel fettes und ätherisches Oel. Durch Auskochen der Früchte mit Wasser werden beide gemengt gewonnen und kann das ätherische Oel von dem fetten durch Destil= lation getrennt werden. Das Lorbeeröl riecht durchdringend, aber angenehm und findet besonders in der Liqueur= und Seifenfabrikation Anwendung, ist aber auch ein ausgezeich= netes Mittel zur Abhaltung von Insecten, denen der Geruch dieses Oeles sehr widerlich zu sein scheint.

34. Macisöl (Oleum macis).

Dieses Oel, im Handel auch Muscatblüthenöl genannt wird aus dem fleischigen rothgelb gefärbten Samenmantel der Muscatnüsse dargestellt, welche die Früchte des Muscat= nußbaumes Myristica moschata bilden, der in Indien, namentlich auf Java cultivirt wird. Wir machen bei diesem Oele die merkwürdige Wahrnehmung, daß die verschiedenen

Theile einer Frucht ganz verschiedene Oele enthalten; das Macisöl ist von jenem der Muscatnuß verschieden, einer ähnlichen Erscheinung begegnen wir übrigens auch bei den Orangenblüthen unter noch merkwürdigeren Verhältnissen, indem in diesen Blüthen mehrere Oele enthalten sind.

Das Macisöl ist wasserhell, dünnflüssig, von durchdringendem höchst ausgiebigen Geruch und von mildem Geschmack; alte Waare wird gelb und dickflüssig. In der Industrie wird es vielfach zur Darstellung von Ausbruchweinen, Liqueuren und zum Parfumiren von Seifen verwendet.

35. Majoranöl (Oleum origani),

aus dem Kraute der Majoranpflanze Origanum Majorana durch Destillation erhalten, ist wasserhell, sehr dünnflüssig und hat in seinem Geruche große Aehnlichkeit mit dem Oele des Thymians, an dessen Statt es auch verwendet wird. In Berührung mit Luft nimmt es reichlich Sauerstoff auf und bildet eine weiße geruchlose Krystallmasse. Es wird vielfach in der Seifen= und Liqueurfabrikation benützt.

36. Melissenöl (Oleum Melissae),

aus der Citronen=Melisse Melissa officinalis durch Absorption bereitet, zeigt einen starken Wohlgeruch, der entfernt an jenen der Citronen erinnert, wird aber seiner Kostspieligkeit wegen nicht rein dargestellt, sondern werden nur die Fette, von denen es aus den Blüthen absorbirt wurde, als Pomaden und Oele in der Parfumerie verwendet.

37. Münzöle.

Die der Gattung Mentha angehörigen Pflanzen zeichnen sich alle durch Wohlgeruch aus; doch sind es besonders drei derselben, aus denen ätherische Oele dargestellt werden und zwar Mentha crispa, Mentha viridis und Mentha piperita.

Das Krausemünzöl (Oleum menthae crispae), durch Destillation von Mentha crispa und Mentha viridis erhalten, ist blaßgrün gefärbt und dünnflüssig; im Alter wird es dick und dunkelfarbig. In neuerer Zeit wird viel von diesem Oele aus Amerika eingeführt; das deutsche Krausemünzöl wird aber theurer bezahlt, da es nicht so häufig mit Terpentinöl verfälscht ist, wie das amerikanische. Es dient zu billigeren Parfumerie-Artikeln.

Das Pfeffermünzöl (Oleum menthae piperitae) wird aus dem Kraute der Pfeffermünze Mentha piperita destillirt, die in Deutschland, England und Nordamerika cultivirt wird. Die englische Waare, besonders die aus der Gegend von Mitcham und Cambridge (Mitcham- und Cambridge-Oel) wird hoch geschätzt und steht doppelt so hoch im Preise als andere. Das Pfeffermünzöl ist wasserhell, von sehr starkem Geruch und stark brennendem, hinterher aber erfrischendem Geschmack; alte Waare wird grünlich und dickflüssig. Seines hohen Preises wegen wird dieses Oel stark verfälscht. Es dient zur Anfertigung feiner Liqueure, besonders aber in der Parfumerie zur Bereitung von aromatischen Mundwässern, da es auf die Mundtheile in einer Weise erfrischend wirkt, wie kein anderes ätherisches Oel; wegen dieser Wirkung benützt man es auch zur Anfertigung von Pastillen.

38. Muscatnußöl (Oleum myristicae).

Die Frucht des Muscatnußbaumes liefert bei der Destillation das eigentliche Muscatöl, welches dünnflüssig farblos, oder nur ganz wenig gelb gefärbt ist. Sein Geruch ist durchdringend nach Muscat und der Geschmack scharf brennend. Altes Oel scheidet eine farblose krystallinische Masse ab. In Indien stellt man aus den Muscatnüssen eine eigene Substanz dar, welche von butterartiger Consistenz ist und Muscatbutter genannt wird. Man erhält dieselbe durch Pressen der frischen Nüsse, wodurch ein festes butterartiges Fett gewonnen wird, dem aber auch der größte Theil des ätherischen Oeles beigemengt ist. Man kann letzteres der Muscatbutter durch Behandeln mit starkem Weingeist entziehen, benützt aber die Muscatbutter meistens unmittelbar zur Seifenfabrikation. Das Muscatnußöl selbst findet sowohl in der Fabrikation der Ausbruchweine, als der Liqueure und Parfumerien ausgedehnte Anwendung.

39. Myrrhenöl. (Oleum Myrrhae).

Das unter dem Namen Myrrhe im Handel vorkommende Schleimharz des arabischen Baumes Balsamodendron Myrrha enthält ein ätherisches Oel, welches durch Destillation gewonnen werden kann. Es ist hellgelb und dickflüssig, riecht aber nicht besonders angenehm; der Geruch desselben wird aber von den orientalischen Völkern geliebt.

40. Myrthenöl (Oleum myrthae).

Die gemeine Myrthe, ein in Südeuropa heimischer Strauch, enthält in ihren Blüthen und Blättern ein lieblich riechendes Oel, das durch Destillation erhalten werden kann, aber im Handel nicht vorkommt. Die Fabriken ätherischer Oele in Südfrankreich setzen Myrthenwasser Eau de myrthes in den Handel, welches wirklich aus Myrthen dargestellt ist. Die sogenannten Myrthenparfume des Handels sind gewöhnlich Composition verschiedener Oele, unter welchen aber das eigentliche Myrthenöl gar nicht vorkommt.

41. Narcissenöl (Oleum narcissae).

Die Frühlingspflanze Narcissus poëticus wird zwar m südlichen Frankreich nebst anderen ähnlichen Gewächsen eigens für Parfumeriezwecke cultivirt, das ätherische Narcissenöl kommt aber als solches nicht in den Handel. Versuche, welche wir dießbezüglich durch Behandeln von Narcissenblüthen mit Petroleumäther angestellt haben, lieferten eine ungemein kleine Quantität Oel von betäubendem Geruche, der erst bei sehr starker Verdünnung den eigentlichen Narcissenduft und zwar in voller Schönheit zeigte.

42. Nelkenöl (Oleum Dianthi).

Das echte Nelkenöl aus den Blüthen der duftenden Arten der Gattung Nelke Dianthus bereitet, ist ebenfalls kein Handelsartikel; ja selbst die sogenannten Nelkenparfums sind nicht einmal mittelst Nelken dargestellt, sondern durch passende Combination anderer Riechstoffe bereitet.

43. Nelkengewürzöl (Oleum cariophylli).

Dieses ätherische Oel, im Handel auch kurzweg als Nelkenöl bezeichnet, stammt von dem in Indien, Südafrika und in Cayenne heimischen Baume Caryophillus aromaticus. Die Gewürznelken sind so reich an ätherischem Oel, daß dasselbe beim Zerdrücken der Blüthenknospen — solche sind die Gewürznelken — die Finger gelb färbt. In Folge des großen Reichthums an ätherischem Oele werden die Gewürznelken oft theilweise mit einem Lösungsmittel extrahirt, dann getrocknet und in den Handel gesetzt. Man erkennt derlei weniger werthvolle Waare an dem matten, glanzlosen

Aussehen, sowie daran, daß sie auf Wasser schwimmt; Nelken, welche ihren vollen Oelgehalt haben, sinken entweder in Wasser ganz unter oder schwimmen mit den Köpfen nach oben in aufrechter Stellung.

Das Nelkengewürzöl ist, wenn es ganz frisch destillirt ist, farblos, nimmt aber an der Luft eine bräunliche Färbung und dickflüssige Beschaffenheit an. Das Nelkengewürzöl besteht aus einer Kohlenwasserstoff=Verbindung und aus einem saueren Körper, welchen man als Nelkensäure bezeichnet.

44. Orangenblüthenöle.

Diese ätherischen Oele, deren man mehrere unterscheidet, gehören zu den kostbarsten Producten, welche die Parfumerie überhaupt kennt; man stellt sie aus den Blüthen von Citrus aurantium (echter Orangenbaum), Citrus Bigaradia (Sevilla=Orange) und aus den Blüthen und unreifen Früchten verschiedener anderer Aurantiaceen dar. Durch Maceration oder Absorption der frischgepflückten Blüthen des echten Orangebaumes erhält man

Das echte Orangenblüthenöl

oder Oleum neroli, Neroli pétale, Huile de fleurs d'oranger. Durch Destillation erhält man zwar auch noch sehr lieblich riechende Producte, welche sich aber mit dem echten Huile de fleurs d'oranger nicht messen können; man bezeichnet sie je nach ihrer Abstammung als

Huile de Neroli, Huile de Bigarade oder Huile de petit grains,

je nachdem sie aus Citrus aurantium, aus Citrus Bigarada, oder aus den unreifen Früchten des Orangenbaumes destillirt wurden.

Alle Orangenblüthenöle sind frisch ganz farblos und eigenthümlich bitter schmeckend; der Luft ausgesetzt verändern sie sich jedoch sehr schnell, werden hierbei röthlich und büßen viel von ihrem feinen Geruche ein. Das sich bei der Destillation der Blüthen ergebende Orangenblüthenwasser Aqua naphae (das Blüthenöl wird auch als Oleum naphae bezeichnet) kommt als solches in den Handel, wird aber auch in neuerer Zeit zur Darstellung des Oeles selbst und zwar durch Schütteln mit Petroleumäther verwendet.

Der sehr hohe Handelswerth der Orangenblüthenöle hat zur Folge, daß diese Oele im Handel nur selten echt zu haben sind; gegenwärtig sind es fast nur einige französische Fabriken, die sie wirklich echt in den Handel setzen.

45. Orangenschalenöl (Oleum aurant).

Dieses nach seinem Productionsorte auch Portugalöl genannte ätherische Oel wird durch Pressen oder Destillation aus den Orangenschalen gewonnen. Es ist von goldgelber Farbe und erfrischendem Orangengeruch und wird in ausgedehntem Maße, sowohl in der Liqueurfabrikation als auch in der Parfumerie verwendet, wird aber auch zum Fälschen der Orangenblüthenöle benützt.

46. Pfeifenstrauchöl.

Der bei uns in den Gärten gepflanzte Zierstrauch, Philadelphus coronarius, Pfeifenstrauch oder deutscher Jasmin, enthält in seinen Blüthen ein ätherisches Oel, welches in seinem Geruche an den des Jasmins erinnert. Die südfranzösischen Fabrikanten ätherischer Oele cultiviren diesen Strauch seit langem, um durch Absorption aus den Blüthen billige Jasminpomade darzustellen, ohne jedoch das Oel selbst zu bereiten. Man kann übrigens nach unseren

diesbezüglichen Versuchen dasselbe durch Behandeln der
Blüthen mit Petroleumäther darstellen, und ist die Fabri=
kation dieses Oeles ganz besonders den süddeutschen Fabri=
kanten ätherischer Oele zu empfehlen, da der Pfeifenstrauch
daselbst vorzüglich gedeiht.

47. Patschuliöl (Oleum Patchuli)

oder auch Patchouliöl stammt von dem in Indien heimischen
Patschulikraut Pogostemon Patchouli, wird aber größten=
theils in Europa aus dem Kraute destillirt. Es ist braun
und dickflüssig und riecht unter allen ätherischen Oelen am
stärksten und zwar so durchdringend, daß sein Geruch erst
bei sehr hoher Verdünnung angenehm wird. Da es die
Eigenschaft hat, andere Gerüche beständiger zu machen und
bei hoher Verdünnung wirklich selbst angenehm riecht, so
findet es vielfache Anwendung in der Parfumerie. Das aus
älterem Kraute destillirte Oel ist gewöhnlich etwas schwerer
als Wasser.

48. Petersilienöl.

Die Küchenpflanze Apium petroselinum enthält in
allen Theilen ätherisches Oel, das durch Destillation gewonnen
wird. Zuerst destillirt ein farbloses flüssiges, später ein
krystallinisches Oel, welchem der eigenthümliche erfrischende
Geruch, der besonders die Petersilienwurzel auszeichnet,
eigen ist.

49. Pimentöl (Oleum pimentae),

aus der Myrthenart Myrthus pimenta und zwar aus den
Früchten derselben bereitet, in denen es in reichlicher Menge
vorkommt, schmeckt scharf brennend und ist von höchst in=
tensivem Geruche, der dem des Nelkengewürzöles nahe kommt.
Es wird in der Liqueur= und Seifenfabrikation angewendet.

50. Rautenöl (Oleum rutae).

Die Raute oder Gartenraute, Ruta graveolens, enthält in allen Theilen ziemlich viel eines farblosen oder hellgelben Oeles von lieblichem, aber sehr starkem Geruche nach Rauten. Die Hauptanwendung dieses Oeles ist zur Fabrikation des Cognac; in Frankreich findet man ausgedehnte Rauten=pflanzungen, deren Oel blos für den angegebenen Zweck verwendet wird.

51. Resedaöl (Oleum resedae).

Die aus Nordafrika stammende, aber bei uns einge=bürgerte lieblich duftende Gartenreseda, Reseda odoratissima, liefert durch Maceration und Absorption, wie wir uns aber überzeugt haben, auch durch Extraction mit Petroleumäther ein gelbliches Oel von penetrantem und widerlichem Geruche, der erst bei sehr hoher Verdünnung angenehm wird. Beim Pflücken der Blüthen ist darauf zu achten, daß diese frei von Blättern gewonnen werden, indem man nur dann ein feinduftendes Oel erhält.

52. Rosenöle (Oleum rosarum).

Unter dem Namen Rosenöle kommen sehr verschiedene Producte im Handel vor, welche theils wirklich von ver=schiedenen Rosengattungen abstammen, theils aber von der Rose nichts als den Namen haben, indem ein großer Theil des sogenannten echten Rosenöles aus dem Oele des Rosen=blatt = Geraniums besteht, welches selbst wieder auf mannig=faltige Art durch andere billigere Oele verfälscht wird. Als die besten Sorten des Rosenöles gelten die aus dem Oriente der Türkei, besonders aus Rumelien, aus Persien und aus Indien stammenden Oele, doch wird in Frankreich Rosenöl von ausgezeichneter Qualität producirt und könnte auch in

Deutschland, wo sämmtliche Rosenarten vorzüglich gedeihen, die Cultur dieser Pflanze leicht in eigenen Plantagen zum Zwecke der Gewinnung des ätherischen Oeles benützt werden.

Der wichtigste Productionsort des Rosenöles — die französischen Fabriken verwenden das von ihnen dargestellte Rosenöl sogleich zur Bereitung von Parfums oder stellen nur Pomaden und deren Essenzen dar, setzen aber jedenfalls kein Rosenöl als solches in den Handel — ist gegenwärtig noch Rumelien, wo das Oel der Rosen durch Destillation mit Wasser und Rectification gewonnen wird. Die zur Gewinnung des Rosenöles am häufigsten verwendete Rosengattung ist eine Varietät der Rosa centifolia die Rosa damascena. Das so dargestellte Rosenöl (Rumelien liefert jährlich gegen 2000 Kilogramm Oel und sind zu einem Kilogramm Oel 3000—3200 Rosen nothwendig!) wird meist gleich an Ort und Stelle mit Geraniumöl verfälscht und baut man diese Pflanze neben der Rose. In der türkischen Sprache heißt Gül-Jag Rosenöl, die in Europa gebrauchten Namen Attar oder Otto, angeblich türkischen Ursprunges, sind entschieden nicht dieser Sprache angehörig.

Neben dem Rosenöle gewinnt man bei der Destillation auch Rosenwasser, doch kommt dieses aus der Türkei nur wenig in den Handel, da es immer wieder zur Destillation neuer Mengen von Rosen benützt wird. Um an Orten, an denen man nicht eine solche Anzahl von Rosenbäumen zur Verfügung hat, daß die Ernte eines Tages das Destilliren lohnt, Rosenöl erzeugen zu können, müssen die Rosen conservirt werden. Dies geschieht am besten durch Einsalzen der Rosen.

Man bestreut zu diesem Zwecke den Boden einer Kufe mit Salz, bringt auf dieses eine Schichte Rosen, auf diese wieder Salz und vermischt durch Rühren Rosen und Salz

auf das innigſte. Der entſtehende Brei wird, ſobald eine
genügende Menge davon vorhanden iſt, mit Waſſer deſtillirt.

Das echte unverfälſchte Roſenöl iſt von hellgelber bis
grasgrüner Färbung. Ebenſo verſchieden wie dieſe iſt auch
die Conſiſtenz der Oelſorten; es giebt deren, welche bei
gewöhnlicher Temperatur ganz flüſſig ſind, indeß andere
Butter=Conſiſtenz haben. Das Roſenöl beſteht aus zwei
Körpern, einem flüſſigen, welcher der eigentliche Träger
des Geruches iſt, und aus einem feſten, kryſtalliniſchen, der
im reinen Zuſtande wahrſcheinlich ganz geruchlos iſt. Es
iſt demnach anzunehmen, daß die flüſſigen Oele die werth=
volleren ſeien, obwohl im Handel ſtarre Oele höher geſchätzt
werden, was wohl davon herrührt, daß das Feſtſein eine
gewiſſe Bürgſchaft für die Echtheit in ſich ſchließt.

Reines Roſenöl duftet nicht, es riecht vielmehr ſo
betäubend und intenſiv, daß der Geruch vielen Perſonen
geradezu widerlich iſt; nur bei ſehr ſtarker Verdünnung des
Oeles tritt der herrliche Duft desſelben hervor.

Die wilde Roſe, die Moosroſe, die Theeroſe enthalten
Oele, die ſich im Geruche weſentlich von dem echten Roſen=
öle unterſcheiden; ſie werden aber nicht für ſich allein dar=
geſtellt, ſondern nur in gewiſſen franzöſiſchen Fabriken zur
Fabrikation von Pomaden und Eſſenzen verwendet. Ob ſich
die in dieſen Roſengattungen vorkommenden Oele von jenem,
welches aus der Centifolie gewonnen wird, unterſcheiden,
iſt noch nicht ermittelt.

53. Roſenholzöl.

Aus dem Wurzelſtocke von Convulvulus scoparius,
einer auf den canariſchen Inſeln heimiſchen Pflanze, läßt
ſich ein Oel deſtilliren, welches von hellgelber Farbe, dick
flüſſig, von gewürzhaftem Geſchmack und leichter als Waſſer

ist. Der Geruch des Oeles ist angenehm und etwas dem
der Rose ähnlich. Man verwendete es früher, ehe man das
Geraniumöl im Großen darstellte, zur Verfälschung des
Rosenöles, und verwendet es noch gegenwärtig zum Parfumiren der sogenannten Rosenseifen.

54. Rosmarinöl (Oleum rosmarini).

Das Rosmarinöl, aus dem Kraute der wohlriechenden
Gartenpflanze Rosmarinus officinalis destillirt, zeichnet sich
durch blaßgrüne Färbung, Dünnflüssigkeit und sehr geringe
Dichte aus. Als beste Sorte dieses Oeles gilt das spanische
Product. Das Rosmarinöl ist einer der Hauptbestandtheile
des Kölnerwassers und wird auch sonst zur Anfertigung
von Liqueuren, von Waschwässern und Seifen verwendet.

55. Sabinaöl (Oleum sabinae).

Der Sadebaum, Juniperus Sabina, enthält in allen
Theilen ätherisches Oel, welches im Geruche und sonstigen
physikalischen Eigenschaften große Aehnlichkeit mit dem Terpentinöle besitzt, und seiner specifischen Wirkungen wegen
in der Arzneikunde angewendet wird.

56. Salbeiöl (Oleum salviae).

Das Kraut von Salvia officinalis und auch das anderer Salvia-Arten giebt bei der Destillation ein gelblich
gefärbtes Oel, welches im Alter fast ganz fest wird und in
seinen Eigenschaften dem Pfeffermünzöle ähnlich ist. Es
wird häufig zur Verfälschung des letzteren angewendet und
sind namentlich die sogenannten Pfeffermünz-Mundwässer
in der That nichts anderes als aromatisches Salbeiwasser,
das mit etwas in Alkohol gelöstem Pfeffermünzöle versetzt ist.

57. Santalöl (Oleum santali).

Der Santalholzbaum, Pterocarpus santalinus (San-delholz ist eine unrichtige Bezeichnung), welcher in Indien heimisch ist, zeichnet sich durch ein intensiv roth gefärbtes, wohlriechendes Holz aus. Das aus diesem gewonnene äthe-rische Oel ist dunkelbraun, giebt aber in Weingeist eine nur wenig gefärbte Lösung. Der Geruch des Oeles ist Rosen ähnlich, doch wird es gegenwärtig nur mehr wenig in der Parfumerie, wohl aber in der Arzneikunde an-gewendet.

58. Sassafrasöl (Oleum sassafras).

Die verschiedenen Arten der amerikanischen Bäume der Gattung Sassafras geben ein Oel, das schwerer als Wasser ist, rothgelb bis dunkel rothbraun gefärbt ist und brennend schmeckt und riecht; es zeichnet sich besonders da-durch aus, daß es selbst in sehr starker Kälte nur theilweise fest wird.

59. Sellerieöl (Oleum Apii).

In allen Theilen der Selleriepflanze ist ein erfrischend riechendes Oel von wasserheller Farbe enthalten, dem man gewisse Wirkungen auf die Sexualorgane zuschreibt. Es wird zu medicinischen Zwecken verwendet.

60. Senföl (Oleum sinapis).

Die Samen der Senfpflanze enthalten kein ätherisches Oel, doch einen Körper, den man Myrosin genannt hat, der auf eine andere Substanz, die Myronsäure, auf ähn-liche Weise zerlegend einwirkt, wie das Emulsin auf das Amygdalin in den bitteren Mandeln. Bei längerem Stehen des zerstoßenen schwarzen Senfes mit Wasser entsteht Senföl, das sich sofort durch seinen die Augen angreifenden

Geruch zu erkennen giebt. Wie bei den bitteren Mandeln ist es nothwendig, die an fettem Oele sehr reichen Senf=samen durch sehr kräftiges Auspressen von diesem zu be=freien und die Kleie mit warmem Wasser zu behandeln.

Das reine, durch Destillation erhaltene Senföl ist wasserhell und von durchdringendem Geruch, der die Thrä=nendrüsen zu heftigster Thätigkeit anregt, die Schleimhäute der Nase und des Mundes heftig angreift und sogar auf die Haut des Körpers so energisch einwirkt, daß auf der=selben Blasen entstehen, welche von Brandblasen nicht zu unterscheiden sind.

Das Senföl ist in chemischer Beziehung dadurch inter=essant, daß es Schwefel und Stickstoff enthält; seine Zu=sammensetzung ist $C_3 H_5 S N$. — Die Eigenschaften dieses Oeles gestatten selbstverständlich keine Anwendung zu solchen Zwecken, in denen es sich um Hervorbringung von Wohl=geruch handelt, doch wird das Senföl zu vielfachen medici=nischen Zwecken verwendet.

61. Spierstaudenöl (Oleum spireae).

Viele Spirea-Arten enthalten dieses Oel; man stellt es aus der Spirea ulmaria durch Destilliren mit Wasser und Behandeln des aromatischen Wassers mit Benzol oder Petroleumäther dar.

Das Spireaöl ist chemisch salicylige Säure und kann auch künstlich aus Weidenbitter (Salicin) mittelst doppelt chromsaurem Kali und Schwefelsäure dargestellt werden. Das reine Oel ist farblos, riecht dem Bittermandelöl ähn=lich, erstarrt aber erst bei sehr niederer Temperatur und wirkt auf Pflanzenfarben rasch bleichend.

62. Sternanisöl (Oleum anisi stellati).

Die Früchte von Illicium anisatum, der sogenannte Sternanis, geben bei der Destillation ein farbloses Oel, welches ähnlich wie das Anisöl riecht, sich aber durch einen viel feineren Geruch auszeichnet als dieses. Man verwendet es zu denselben Zwecken wie das eigentliche Anisöl, doch wird zu feineren Präparaten stets das Sternanisöl benützt und namentlich feine Liqueure und Toiletteseifen damit parfumirt.

63. Terpentinöl (Oleum terebinthinae).

Dieses industriell unstreitig wichtigste aller ätherischen Oele stammt von den verschiedenen Gattungen der Zapfenbäume oder Coniferen, und wird besonders aus den Pinus=, Abies= und Larix=Arten (Föhren, Fichten und Lärchen) dargestellt, die dasselbe in allen Theilen, im Holze, den Nadeln und Früchten, in reichlicher Menge enthalten und bei der Verletzung, namentlich des Stammes, ausfließen lassen. In dem Holze findet sich das Oel gemengt mit Harz vor; das dickflüssige Gemisch, welches aus dem Baume fließt, ist demnach eigentlich ein Balsam, den man gemeiniglich als Terpentin bezeichnet.

Die Terpentine.

Je nach der Pflanze, mehr aber noch nach dem Lande, in welchem der Terpentin gewonnen wird, unterscheidet man verschiedene Sorten desselben und benennt auch das aus diesen Terpentinen gewonnene ätherische Oel nach demselben. — Im Handel sind besonders folgende Terpentinsorten bekannt:

Deutscher Terpentin von verschiedenen Coni=

feren, besonders von der Kienföhre, Pinus silvestris, deren harzreichste Varietät die Pinus austriaca ist.

Französischer Terpentin ist vorzüglich das Product der Strandkiefer, die im südwestlichen Frankreich ganz besonders gedeiht.

Venetianischer Terpentin stammt hauptsächlich von mehreren Larix=Arten, besonders von Larix decidua, welche am Südabhange der Alpen cultivirt wird.

Amerikanischer Terpentin rührt von sehr ver=schiedenen Zapfenbäumen her; namentlich liefern Pinus palustris und Pinus Taeda die größte Quantität von Harz.

Von den in geringeren Mengen im Handel vorkommen=den Terpentinen ist noch zu nennen: der karpathische, welcher von der Zwergföhre Pinus Pumilio und der Zirbel=kiefer, Pinus Cembra, stammt, und der Straßburger Ter=pentin, welcher in den Vogesen aus den Stämmen der Weißtanne Abies alba gewonnen wird.

Der wohlriechende Canada=Balsam von der Balsamtanne Abies balsamea ist fast farblos, dickflüssig und von angenehmem Geruche.

Cyprischer Terpentin aus den Stämmen von Pistacia Terebinthinus auf der Insel Cypern und sonst in Kleinasien gewonnen, ist von grünlicher Farbe, fenchel=artigem Geruche und würzigem Geschmacke.

Die Gewinnung des Terpentines kann man auf die Weise vornehmen, daß man entweder nahe am Boden mittelst eines großen Zimmermanns=Bohrers ein Loch bis in die Axe des Stammes bohrt und das aus=fließende Harz in geeigneten Gefäßen auffängt, oder was häufiger geschieht, indem man den Baumstamm auf der halben Seite bis zu einer gewissen Höhe seiner Rinde entkleidet und jährlich nach oben zu ein Stück Rinde

10*

wegnimmt, was so lange fortgesetzt wird, als der Baum noch
Harz giebt. Das aus den Stämmen ausfließende Harz wird
durch schief in das Holz eingeschlagene Holzspäne gezwun=
gen, in eine am Fuße des Stammes eingehauene Grube
oder in einen angehängten Topf zu fließen, aus welchen es
von Zeit zu Zeit ausgeschöpft und in einer Sammelgrube
aufbewahrt wird.

Wie man auch die Gewinnung des Terpentines betreibe,
immer ist dieselbe nur dann in ausgiebigem Maße möglich,
wenn der betreffende Baum eine schwere Verletzung erleidet.
Daß in diesem Falle nicht mehr auf bedeutenden Holz=
zuwachs gerechnet werden kann, ist selbstverständlich und
werden daher auch nur Stämme, welche ein gewisses Alter
erreicht haben, zur Terpentingewinnung, zum sogenannten
„Abharzen" verwendet.

Die Terpentine, wie sie aus dem Baume fließen, sind
anfangs alle ganz klare, zähe Flüssigkeiten von zugleich
brennendem und bitterem Geschmack; gewisse Terpentine,
wie z. B. der venetianische, haben die Eigenschaft, auch bei
langem Aufbewahren durchsichtig zu bleiben; die Mehrzahl
derselben wird jedoch nach einiger Zeit an der Luft trübe,
später ganz undurchsichtig und weißlich. Diese Veränderung
wird dadurch bedingt, daß ein Bestandtheil des Terpentines
beim Verharzen einen krystallinischen Körper bildet, dessen
kleine Krystalle die ganze Masse undurchsichtig machen.

Die Zusammensetzung der Terpentine ist eine variable
nach der Pflanzenart, von welcher sie stammen und nach
dem Grade der Verharzung, den das ätherische Oel theils
schon im Stamme, theils nach dem Ausfließen aus dem=
selben durchgemacht hat. Die ätherischen Oele verwandeln
sich durch Sauerstoffaufnahme in Harze, welche saurer
Natur sind; Pinin= und Abietinsäure, Pimarsäure, sowie

bittere Extractivstoffe sind in den harzigen Producten stets zu finden.

Die Terpentine oder Coniferen=Balsame, wie man sie auch nennen kann, finden als solche selbst verschiedene An= wendungen; in dem Zustande, wie sie aus dem Walde ge= bracht werden, sind sie durch Holzsplitter, Nadeln der Zapfenbäume u. s. w. verunreinigt und mit Wasser ge= mengt; man unterzieht sie gewöhnlich einer oberflächlichen Reinigung, indem man sie soweit erwärmt, daß sie dünn= flüssig werden und sodann durch Stroh oder grobe Lein= wand filtrirt und als gereinigten Terpentin oder unter der Bezeichnung rectificirter Terpentin in den Handel setzt.

Terpentin in luftdicht verschlossenen Gefäßen aufbe= wahrt, bleibt unverändert; der Luft ausgesetzt, geht er all= mälig ganz in festes Harz über.

Die Darstellung des Terpentinöles.

Obwohl die Gewinnung des Terpentinöles aus den Terpentinen im Großen und Ganzen genau so vor sich geht, wie überhaupt die Gewinnung aller ätherischen Oele durch Destillation, so erscheint es doch von Wichtigkeit, den hier= bei einzuschlagenden Weg etwas näher auseinander zu setzen, da das Terpentinöl unter allen ätherischen Oelen unstreitig dasjenige ist, welches die ausgedehnteste industrielle An= wendung hat. Man benützt das Terpentinöl als Lösungs= mittel für viele Harze und Fette, unter den Namen Pinin, Camphin, Solaröl u. s. w. als Brennmaterial, zur Ver= dünnung von Oelfarben und zu mehreren anderen Zwecken.

In den Fabriken mit älterer Einrichtung wird die Destillation des Terpentinöles auf sehr einfache Art vorge= nommen; man destillirt dort einfach aus gewöhnlichen großen Destillirblasen, die ganz unmittelbar in den Herd

eingemauert ſind. Selbſt bei großer Vorſicht in der Leitung
des Feuers läßt es ſich nicht verhüten, daß ein großer
Theil des zurückbleibenden Harzes zerſetzt werde und ein
ſchwarz gefärbtes Harz, das ſogenannte Schuſterpech oder
Schiffspech, hinterlaſſe, welches nur geringen Handels=
werth beſitzt.

In rationell eingerichteten Terpentinöl=Fabriken ar=
beitet man gegenwärtig nur mit ſolchen Apparaten, welche
durch Dampf geheizt werden und zwar müſſen die Appa=
rate ſo eingerichtet ſein, daß die Deſtillirblaſe von einem
Mantel umhüllt iſt und außen von Dampf umgeben wird,
und es auch möglich iſt, Dampf in das Innere der Deſtillir=
blaſe ſelbſt einſtrömen zu laſſen.

Bei derartig conſtruirten Apparaten iſt es möglich,
das Terpentinöl vollſtändig zu gewinnen und gleichzeitig
das Harz in größter Reinheit als durchſcheinende, honig=
gelbe oder hellbraune Maſſe zu erhalten. Am Anfange der
Operation giebt man nur indirecten Dampf und zwar ſo
lange, bis der Terpentin dünnflüſſig geworden. Iſt dies
eingetreten, ſo läßt man Dampf in das Innere der Deſtillir=
blaſe ſelbſt treten, worauf das Terpentinöl alsbald zu be=
ſtilliren beginnt.

Das in dem Deſtillirgefäße zurückbleibende Harz wird
heiß filtrirt; man verwendet hierzu Cylinder mit doppelter
Wandung, die am unteren Ende durch ein Seihetuch ver=
ſchloſſen ſind und durch Dampf, der zwiſchen den Wandun=
gen circulirt, heiß erhalten werden. Unmittelbar nach been=
deter Deſtillation läßt man das Harz aus der Deſtillirblaſe
in dieſes Filter fließen, wo es durch den Dampf dünnflüſſig
erhalten wird und raſch filtrirt.

Terpentinöl, welches durch Anharzen von Zapfen=
bäumen und Deſtillation des Terpentines gewonnen wird,

ist gewöhnlich so rein, daß es nur noch einer einmaligen
Destillation bedarf, um als wasserhelle, aromatisch und
gerade nicht unangenehm riechende Flüssigkeit erhalten zu
werden. In einigen Gegenden stellt man aber Terpentin,
oder richtiger Harz, auf sehr rohe Weise dadurch dar, daß
man die Wurzelstöcke der Bäume in Kohlenmeilern aus=
schwelt und in einer unter dem Meiler angebrachten Grube
das durch die Hitze ausgeschmolzene Harz und Terpentinöl
aufsammelt.

Wenn man derartiges Rohharz der Destillation un=
terwirft, so erhält man ein Terpentinöl, welches durch hart=
näckig anhaftende Producte der trockenen Destillation einen
sehr unangenehmen brenzlichen Geruch besitzt, von dem es
nur durch wiederholte Rectification über Chlorkalk befreit
werden kann.

In einigen Gegenden stellt man auch Terpentinöl
dadurch dar, daß man die beim Fällen der Bäume sich er=
gebenden kleinen Zweige, Zapfen, Nadeln und Wurzelholz
der Destillation unterwirft und bezeichnet man das auf
diese Art erhaltene Oel als Tannenzapfenöl, Templinöl oder
auch als Waldwollöl.

Die unter Zusatz von etwas Kalkmilch rectificirten
Terpentinöle (der Kalk wird zugesetzt, um die dem Oele
anhaftende Ameisen= und Essigsäure zu binden) zeigen im
Allgemeinen die gleichen chemischen Eigenschaften, wenn sie
auch von verschiedenen Bäumen und verschiedenen Produc=
tionsorten stammen; merkwürdiger Weise ist aber eine
wesentliche Verschiedenheit in den physikalischen Eigenschaften,
in der Dichte, dem Drehungsvermögen für die Polarisa=
tionsebene, sowie den Siedepunkten wahrnehmbar.

Durch längere Zeit der Luft und dem Lichte ausge=
setzt, zeigt das Terpentinöl die zwar den meisten ätherischen

Oelen eigenthümliche Eigenschaft des Ozonisirtwerdens in
besonders hohem Maße. Es wird hierbei dickflüssig, balsam-
artig, nimmt eine honiggelbe Farbe an und besitzt durch
seinen hohen Gehalt an activem Sauerstoff (Ozon) ein
so kräftiges Bleichungsvermögen, daß es in ganz kurzer
Zeit sogar den haltbarsten aller organischen Farbstoffe, den
Indigo, zu zerstören vermag.

Im Handel unterscheidet man ganz besonders die folgenden Sorten von Terpentinölen, welche in größeren
Mengen auf den Markt gebracht werden: Deutsches Terpentinöl, französisches, englisches (aus amerikanischem Rohmateriale in England dargestellt) und venetianisches, deren
Eigenschaften und Verwendungen bei dem rectificirten Producte ziemlich dieselben sind. — Das aus den Zweigen,
Nadeln und Zapfen destillirte Templin- und Tannenzapfenöl
von gelber bis brauner Farbe ist gewöhnlich ziemlich unrein, von unangenehmem Geruch und gleichzeitig von gerin-
gerem Werthe als die vorgenannten Sorten.

64. Thymianöl (Oleum thymi).

Das Thymianöl aus dem blühenden Kraute des bei
uns wildwachsenden Thymians, Thymus vulgaris, durch
Destillation gewinnbar, ist von hellgelber Farbe und angenehm würzigen Geruche, der so große Aehnlichkeit mit dem
einiger anderer dem Thymian nahestehenden Pflanzen, als
des Quendels, Thymus serpillum, und anderer besitzt, daß
diese Oele alle unter dem gemeinschaftlichen Namen Thymianöl in den Handel gebracht werden. Ihre Verwendung
ist eine ziemlich bedeutende; außer ihrer Benützung in der
Liqueurfabrikation verwendet man sie auch in ausgedehntem
Maße zum Wohlriechendmachen von Seifen und zur Herstellung von billigen Parfumerie-Waaren.

65. Vanilleöl (Oleum Vanillae aromaticae).

Die bekannte Orchideenart der Tropenländer, deren Kapselfrüchte uns das herrlich duftende Gewürz liefern, die Vanilla aromatica, giebt durch Destillation, besser durch Extraction, ein festes, krystallinisches Oel, den Vanille=Campher oder das Vanillin, welches anstatt des weingeistigen Vanille=Extractes gegenwärtig häufig zur Darstellung von Liqueuren und verschiedener Wohlgerüche verwendet wird.

66. Veilchenöl.

Das Märzveilchen, Viola Martii, verdankt seinen Duft einem ätherischen Oele von grüner Farbe und so durchdringendem Geruche, daß derselbe Kopfschmerzen verursacht und erst bei sehr starker Verdünnung dem der Veilchen gleicht. Bis nun gelang es nur, dieses Oel durch das Absorptionsverfahren darzustellen; im Handel ist es gar nicht zu haben, da die französischen Fabriken, welche es unseres Wissens bis nun ausschließlich darstellen, die Gesammtmenge der übrigens sehr geringen Oelausbeute für ihre Zwecke zur Anfertigung hochfeiner Parfumerien verwenden.

67. Veilchenwurzelöl (Oleum iridis florentinae).

Der kriechende Wurzelstock der florentinischen Schwertlilie, Iris florentina, die im Droguenhandel vorkommende sogenannte Veilchenwurzel, zeigt einen schwachen, aber angenehmen Veilchengeruch. Durch Destillation der zerstampften Veilchenwurzel kann man das Oel darstellen, welches schwach rosenroth gefärbt ist und bei gewöhnlicher Temperatur perlmutterartig glänzende Krystallschuppen bildet, also richtiger als Veilchenwurzel=Campher bezeichnet werden muß. Der Veilchenwurzel=Campher ist bis nun im Handel nur ſelten zu haben und dann nur zu ungemein hohen Preiſen, welch' letzterer Umſtand dadurch erklärbar wird, daß die Ausbeute an dieſem Körper eine außerordentlich geringe iſt.

68. Vetiveröl (Oleum ivaranchusae).

Das Vetiver-, Vitiver- oder Ivaranchuſa-Oel wird aus der Wurzel der in Indien heimiſchen Pflanze Anatherum muricatum theils in ihrem Heimatlande ſelbſt, theils aus der getrockneten Wurzel in Europa deſtillirt. Am zweckmäßigſten iſt es, das durch wiederholte Deſtillation über ſtets neuen Wurzelmengen an ätheriſchem Oel bereicherte aromatiſche Waſſer mit Petroleumäther zu behandeln und dieſen abzudeſtilliren. Das ſo gewonnene Oel hat eine dickflüſſige Beſchaffenheit, rothbraune Farbe und einen ungemein intenſiven Geruch, welcher dem des Veilchenwurzelöles ziemlich gleich kommt. Das Vetiveröl hat die für Parfumerie-Zwecke ſehr werthvolle Eigenſchaft, einen ſehr lange andauernden Wohlgeruch zu verbreiten und wird darum häufig zum Parfumiren verſchiedener Toilettegegenſtände verwendet.

69. Wachholderöl (Oleum juniperi.)

Der Wachholderſtrauch, Juniperus communis, enthält in allen Theilen, beſonders aber in den Beerenfrüchten ziemlich viel ätheriſches Oel, welches durch Deſtillation gewonnen werden kann. Das reine Oel iſt dünnflüſſig, riecht dem Terpentinöle ziemlich ähnlich, aber feiner als dieſes und beſitzt einen ausnehmend ſtark brennenden Geſchmack. In bedeutender Kälte erſtarrt es zum größten Theile. Die Anwendung dieſes Oeles beſchränkt ſich auf mediciniſche Zwecke und zur Herſtellung der Wachholder-Branntweine;

der holländische Genever und der englische Gin-Branntwein verdanken ihr eigenthümliches Aroma diesem Oele.

70. Wermuthöl (Oleum artemisiae).

Das blühende Wermuthkraut, Artemisia absinthium, liefert ein grünes Oel, welches an der Luft dunkelgrün und dickflüssig wird. Man verwendet es häufig zur Fabrikation des Wermuthliqueurs oder Absynthes, der aber nur dann den charakteristischen bitteren Geschmack zeigt, wenn man das Kraut mit verdünntem Weingeist digerirt; das Oel allein schmeckt brennend scharf. Der bittere Extractivstoff des Wermuthkrautes ist selbst nicht flüchtig.

71. Wintergrünöl (Oleum gaultheriae).

Das Wintergrünöl, auch Wintergreenöl genannt, stammt von der in Nordamerika wildwachsenden Gaultheria procumbens, ist, wenn ganz rein, wasserhell, sonst grün und von sehr angenehmem Geruche. Es besteht aus Methylsalicylsäure und kann auch künstlich aus Salicylsäure und Methylschwefelsäure producirt werden. Es findet seine Hauptanwendung in der Parfumerie und Toilette-Seifenfabrikation.

72. Ylang-Ylang-Oel (Oleum Unonae).

Dieses seit neuerer Zeit in die Parfumerie eingeführte ätherische Oel stammt von Unona odoratissima, einer auf den Philippinen heimischen Pflanze, und kommt von Manila aus als wasserhelle oder schwach gelblich gefärbte Flüssigkeit in den Handel. Als einer der lieblichst duftenden Riechstoffe findet es gegenwärtig schon ausgedehnte Anwendung zur Fabrikation der feinsten Parfums, steht aber jetzt noch zu hoch im Preise, um allgemein benützt zu werden.

73. Ysopöl (Oleum hyssopi).

Die kleinasiatische Pflanze Hyssopus officinalis giebt ein farbloses, an der Luft sehr rasch gelb werdendes Oel, welches vielfach in der Liqueur= und Seifen=Fabrikation verwendet und sonst auch zu billigen Parfumerien be= nützt wird.

74. Zimmtöle.

Unter dem Sammelnamen Zimmtöl kommen verschie= dene Oele in den Handel, welche sich durch ihre Herkunft, Preise, ganz besonders aber durch ihren Geruch wesentlich von einander unterscheiden. Man unterscheidet ganz beson= ders das eigentliche Zimmtöl, das Zimmt=Cassiaöl, das Zimmtblätteröl und das Zimmtblüthenöl.

Das echte Zimmtöl (Oleum cinnamoni)

wird aus der Rinde der jungen Zweige des auf Ceylon in ausgedehnten Pflanzungen gebauten Zimmtlorbeers, Laurus Cinnamomum, durch Destillation gewonnen. Das Oel ist schwerer als Wasser, von goldgelber bis rothbrauner Farbe — letztere zeigt alte Waare an — und zeichnet sich durch starken angenehmen Geruch und brennenden, aber rein süßen Geschmack aus.

Das Zimmt=Cassiaöl (Oleum cassiae)

von dem in China heimischen Baume Cinnamomum Cassia aus China in den Handel gesetzt, ist von goldgelber Farbe, dickflüssig und noch schwerer als das echte Zimmtöl. Es läßt sich am besten von dem echten Zimmtöle, unter dessen Namen es häufig in den Handel kommt, dadurch unter= scheiden, daß es nicht rein süß wie dieses schmeckt, sondern nur anfangs eine schwach süße Geschmacksempfindung

hervorruft, die hinterher aber einem brennend scharfen Ge=
schmacke Platz macht.

Das Zimmtblätteröl

ist das Destillat der Blätter des Zimmtlorbeers. Dieses
Oel ist ganz verschieden von den eigentlichen Zimmtölen und
gleicht in Geruch und Geschmack, sowie in seinen anderen
Eigenschaften ziemlich dem aus den Gewürznelken gewon=
nenen Oele.

Das Zimmtblüthenöl

kommt dem echten Zimmtöle in Bezug auf seine Eigen=
schaften am nächsten, wird aber nur in geringen Mengen
aus den Blättern des Zimmtbaumes dargestellt.

Das Cassiaöl ist das billigste aller Zimmtöle und
werden die anderen Sorten, namentlich aber das theure,
echte Zimmtöl sehr häufig mit demselben verfälscht; leider
ist die Verfälschung wegen der großen Aehnlichkeit, welche
beide Oele in Bezug auf ihr physikalisches und chemisches
Verhalten zeigen, nur schwierig nachweisbar. Wir werden in
dem Abschnitte, welcher von der Prüfung der ätherischen
Oele handelt, auf diesen Gegenstand noch eingehender
zurückkommen.

XIX. Anhang.

Aetherische Oele, welche bis nun keine technische Verwendung besitzen, und Producte der trockenen Destillation.

Wir haben in die vorstehende Aufzählung der ätherischen Oele nur jene Körper aufgenommen, welche irgend eine technische Verwendung haben. Aber selbst wenn wir jene flüchtigen Oele beschreiben, für welche bis nun keine technische Benützung gefunden wurde, so ist damit die Zahl der ätherischen Oele bei weitem noch nicht erschöpft. Wir haben vielmehr Grund anzunehmen, daß es eine ungemein große Anzahl von ätherischen Oelen gebe — die aber noch nicht dargestellt wurden — von denen viele vielleicht sehr werthvolle Eigenschaften besitzen und von denen eine große Zahl wegen ihres Wohlgeruches ganz bestimmt zu Parfumerie=Zwecken dienen könnte.

Es ist uns nicht bekannt, daß irgend eine Fabrik ätherischer Oele die duftenden Oele, die sich in vielen unserer wildwachsenden Pflanzen vorfinden, rein dargestellt hätte, obwohl diese Pflanzen leicht in großen Quantitäten beschafft werden könnten. Derartige prachtvoll duftende Pflanzen sind z. B. die Nachtviole, Hesperis tristis, gewisse Knabenkraut=Arten wie Orchis pallens und andere, manche wohlriechende Primel=Arten, die Erdscheibe Cyclamen europaeum und viele andere.

Wir haben einiger dieser Pflanzen namentlich Er=
wähnung gethan, um zur Darstellung der betreffenden Oele
anzuregen; übrigens sei hier bemerkt, daß von gewissen
wohlriechenden Pflanzen, die ihres Duftes wegen allgemein
beliebt sind, im Parfumeriehandel die Oele nicht zu haben
sind; Maiglöckchen, Convallaria majalis, Pelargonium=
Blätter, Pelargonium zonale, das Basiliumkraut sind gewiß
bekannte Pflanzen, doch sind die in ihnen vorkommenden
ätherischen Oele nicht dargestellt und alle Parfumerien,
welche unter ihrem Namen in dem Handel vorkommen,
sind nichts als Compositionen verschiedener Riechstoffe, welche
einen Gesammt=Geruchseffect hervorbringen, der dem der
Pflanze ähnlich ist, ihn aber bei weitem nicht erreicht.
Sogar die Nelkenparfums, welche den Geruch der Garten=
nelken ziemlich genau wiedergeben, werden nicht aus den
Nelkenblüthen, sondern durch Combination verschiedener Oele
gewonnen.

Nachstehend führen wir die Eigenschaften einiger Oele
an, welche bis nun keine Verwendung haben.

75. Brunnenkressenöl (Oleum Nasturtii).

Die bekannte, auch als Salat verwendete Frühlings=
pflanze, die Brunnenkresse oder Nasturtium officinale giebt
ein farbloses, stark und nicht besonders angenehm riechendes
Oel, welches sich besonders dadurch auszeichnet, daß es
stickstoffhältig ist, seine Zusammensetzung ist $C_9 H_9 N$. Man
kann dieses Oel durch Behandeln des wässerigen Destillates
mit Petroleumäther gewinnen.

76. Copaïvaöl (Oleum copaïva)

wird aus dem Balsam, welcher aus den Stämmen ver=
schiedener tropischer Bäume, aus der Gattung Copaïfera

auf ähnliche Weise gewonnen, wie das Terpentinöl aus dem Terpentine. Das Oel ist ganz farblos, sehr dünnflüssig und von durchdringendem angenehmen Geruche. Der Copaïvabalsam wird in der Medicin und in der Malerei angewendet; ob sich das reine Copaïvaöl zu denselben Zwecken eignet, ist noch nicht festgestellt.

77. Cochleariaöl (Oleum cochleariae).

Das Löffelkraut Cochlearia officinalis giebt bei der Destillation ein unangenehm und sehr scharf riechendes Oel, welches Schwefel enthält, eine gewisse Verwandtschaft mit dem Senföle zeigt und die Zusammensetzung $C_5 H_9 S N$ hat.

78. Lepidiumöl (Oleum lepidii).

Die Gartenkresse, Lepidium sativum, giebt eine sehr geringe Quantität eines wasserhellen ätherischen Oeles, welches Stickstoff enthält; seine Zusammensetzung ist $C_3 H_7 N$ und ist jener des Tropaeolumöles, mit welchem es auch die übrigen Eigenschaften theilt, gleich. Es ist daher nicht möglich, durch die chemische Untersuchung zu ermitteln, ob ein ätherisches Oel vom Tropaeolum- oder vom Lepidiumkraute abstamme.

79. Schafgarbenöl (Oleum Achilleae).

Das aromatische Wiesengewächs Achillea millefolium, die Schafgarbe, giebt meist ein blaues Oel, nur einige Varietäten dieser Pflanze liefern ein gelbgrün gefärbtes, die Wurzeln ein farbloses Destillat.

80. Tropaeolumöl (Oleum Tropaeoli).

Die Capucinerkresse, Tropaeolum majus, liefert ein Oel, welches, wie oben erwähnt wurde, vollkommen gleich mit dem Lepidiumöle ist, daher das über die Eigenschaften des letztgenannten Oeles Gesagte auch für das Tropaeolum-Oel Geltung hat.

Obwohl gewisse ätherische Oele, wie das Bittermandelöl und das Senföl, nicht als solche in den Pflanzen fertig gebildet vorkommen, sondern erst in Folge von Spaltungsprocessen entstehen, so müssen wir sie doch bestimmt als ätherische Oele betrachten. In der Industrie geht man mit der Bezeichnung ätherische Oele noch viel weiter, indem man eine große Reihe von Kohlenwasserstoff-Verbindungen, welche Producte der trockenen Destillation sind, hieher rechnet. Wenn man mit dieser Bezeichnungsweise consequent vorwärts schreiten wollte, so müßte man auch den dickflüssigen schwarzgefärbten Theil des Steinkohlentheers zu den ätherischen Oelen rechnen und würde das in dem Theere enthaltene Paraffin zu den starren ätherischen Oelen oder Campherarten gezählt werden müssen.

Von jenen Producten, welche durch trockene Destillation entstehen und in gewissem Sinne zu den ätherischen Oelen gerechnet werden können, wollen wir hier nur das Bernstein-, Copal-, Kade- und das sogenannte ätherische Thieröl erwähnen.

81. Bernsteinöl (Oleum succini).

Dieser flüchtige Kohlenwasserstoff wird erhalten, wenn man das fossil vorkommende Bernsteinharz der trockenen Destillation unterwirft, das heißt, bei Luftabschluß erhitzt. Je nach dem angewendeten Hitzegrad erhält man eine größere oder geringere Ausbeute an flüchtigem Oel, welches sich ganz besonders durch die Eigenschaft auszeichnet, Bernstein, der sonst nur sehr schwierig löslich zu machen ist, aufzulösen.

Es findet daher dieses Oel in der Lackfabrikation eine be=
deutende Anwendung und stellen sich die Lackfabrikanten
dasselbe häufig selbst für ihre Zwecke dar.

82. Das Copalöl (Oleum Copal).

Das Copalharz, so wie der Bernstein ein fossiles
Harz, liefert genau wie dieser beim Erhitzen ein flüchtiges
Oel, dem ebenfalls die Eigenschaft zukommt, Harze aufzu=
lösen; es wird daher, sowie das Bernsteinöl zur Fabrikation
von Lackfirnissen verwendet.

83. Kadeöl (Oleum empyreumaticum Juniperi).

In Südfrankreich unterwirft man das sehr harzreiche
Wurzelholz einer dort heimischen Wachholderart der trockenen
Destillation und nennt das sich ergebende ölige Destillat
Kadeöl oder Kadeöl. Frischbereitetes Kadeöl ist von hell=
brauner Farbe, riecht schwach nach Theer und schmeckt
bitter und zugleich auf der Zunge brennend. Im Alter wird
es dunkelbraun, fast schwarz und von unangenehmem Geruche.
Das Kadeöl besteht nicht aus einer Verbindung, sondern
aus einer großen Reihe von flüchtigen Kohlenwasserstoffen,
wie sie sich gewöhnlich bei trockenen Destillationen bilden,
und wird sehr häufig mittelst Holztheer verfälscht.

84. Thieröl (Oleum animale).

Dieses Oel wird durch trockene Destillation von
Knochen=, Haut=, Fleisch= und Blutabfällen gewonnen. Das
erste Destillat besteht aus Theerwasser und einem stinkenden
schwarzen Theer. Letzterer wird einer oftmaligen Rectification
unterzogen und liefert endlich ein wasserhelles Oel, welches
sehr unangenehm riecht, dünnflüssig und an der Luft so
veränderlich ist, daß es in kurzer Zeit braun wird. Durch
Schütteln des zweiten oder dritten Destillates mit Salzsäure

werden diese sehr leicht oxydirbaren Stoffe zerstört und geben dann bei der Rectification ein farbloses Oel, welches nicht so rasch gelb wird.

Das sogenannte Dippel'sche Oel ist ätherisches Thieröl, welches aber nicht so weit rectificirt wurde, bis es farblos wird, sondern eine meist ziemlich dunkle braune Farbe beibehält. Durch Behandeln dieses Oeles mit Salpetersäure erhält man eine Flüssigkeit, welche Thierfaser (Schafwolle) in unbestimmten braunen Tönen färbt und wegen dieser Eigenschaft in der Färberei Anwendung findet.

An die hier aufgezählten ätherischen Oele, welche Producte der trockenen Destillation sind, reiht sich naturgemäß jenes an, welches gegenwärtig unter dem Namen Naphta, Steinöl, Erböl oder Petroleum eine so ausgedehnte Verwendung zu industriellen Zwecken findet.

85. Steinöl (Oleum petrae),

wahrscheinlich entstanden durch sehr langsame trockene Destillation des Holzes fossiler Bäume, die wir gegenwärtig als Steinkohle vorfinden, ist ein Gemisch vieler flüchtiger Kohlenwasserstoff-Verbindungen. Die flüchtigsten derselben bilden den sogenannten Petroleumäther, welcher, wie wiederholt erwähnt wurde, wegen seines hohen Lösungsvermögens für andere ätherische Oele in der Fabrikation der ätherischen Oele eine so bedeutende Rolle spielt, daß es uns nicht unwahrscheinlich dünkt, daß die Extraction der ätherischen Oele mittelst Petroleumäthers in der Zukunft die meisten anderen Darstellungs-Methoden gänzlich verdrängen werde.

XX.

Die Verfälschungen der ätherischen Oele.

Viele ätherische Oele, namentlich jene, welche sich nur in sehr geringen Mengen in den Blüthen vorfinden, sind außerordentlich kostbare Stoffe und werden zu ungemein hohen Preisen in den Handel gesetzt; doch sind auch jene ätherischen Oele, die man in größeren Mengen in den Pflanzen vorfindet, deren Cultur leicht und in den gemäßigten Klimaten möglich ist, wie das Anisöl, Kümmelöl und andere sehr hoch im Preise gehalten. Dieser Umstand, die Thatsache, daß wir über sehr viele ätherische Oele bis nun sehr wenig in Bezug auf ihre inneren Eigenschaften wissen, und endlich die unbestreitbare Aehnlichkeit, welche viele derselben untereinander besitzen, sind Factoren, welche leider dazu angethan sind, den Fälschern in die Hände zu arbeiten und ihnen ihr unsauberes Geschäft zu erleichtern.

In der That wird auch kaum bei anderen chemischen Producten die Fälschung in so ausgedehntem Maße und auf so freche Weise geübt, wie gerade bei den ätherischen Oelen. Viele derselben sind im günstigsten Falle mit einer großen Menge ähnlich riechender billiger Oele oder anderen schwierig nachweisbaren Körpern vermengt; nicht selten kommt es vor, daß ein billigeres Oel unter dem Namen eines kostbaren verkauft wird — ja selbst diese schon als Fälschung zu betrachtenden Oele — da sie unter fremden Namen gehen, sind oft mit noch billigeren vermengt.

Unter solchen Umständen erscheint es in einem Werke

wie das vorliegende, dringend geboten, alle Mittel anzugeben, welche die Wissenschaft überhaupt kennt, um die
Echtheit eines ätherischen Oeles, sowie eine etwaige Verfälschung derselben mit Sicherheit zu ermitteln, indem sich
nur durch die genaue Kenntniß dieser Mittel der Käufer
und Händler vor Betrug, eventuell vor nachtheiligem
Geschäftsrufe zu wahren vermögen.

Daß der Nachweis der Fälschung oft mit den größten
Schwierigkeiten verbunden sein wird, ist schon aus der
Schilderung der allgemeinen Eigenschaften der ätherischen
Oele selbst zu entnehmen, indem nicht nur sehr viele derselben identisch in Bezug auf ihre chemische Zusammensetzung sind, wie beispielsweise das Terpentinöl mit vielen
kostbaren Oelen genau die gleiche Zusammensetzung besitzt,
sondern auch sonst sich in ihren übrigen Eigenschaften sehr
nahe stehen.

Die physikalischen Eigenschaften, wie die Dichte, der
Siedepunkt und Erstarrungspunkt, welche bei vielen Körpern
sehr constante Größen bilden, lassen den Forscher gerade bei
den ätherischen Oelen nur zu oft im Stiche; die Dichten
schwanken zwischen sehr weiten Grenzen, die Siedepunkte
variiren oft bei einem und demselben Oele je nach seiner
Abstammung und Alter um 20 bis 30 Grade, so daß diese
sonst so constanten Eigenschaften keine bestimmten Anhaltspunkte für die Ermitelung der Reinheit der ätherischen
Oele geben können.

Daß Dichte und Siedepunkt bei den ätherischen Oelen
sehr schwankende Größen sind, ist leicht aus dem Umstande
zu entnehmen, daß sehr viele ätherische Oele nicht aus
einer Verbindung bestehen, sondern meistens aus zweien
zusammengesetzt sind, die in einem Oele in wechselnden
Mengen vorhanden sind.

Obschon nun diese physikalischen Eigenschaften keine festen Anhaltspunkte gewähren, so können sie dennoch für die Prüfung der ätherischen Oele nutzbar gemacht werden, indem sie wenigstens Maximal= und Minimalgrenzen angeben, innerhalb welcher sich Dichte und Siedepunkt bewegen dürfen, ohne daß das betreffende ätherische Oel gerade gefälscht sein muß, und lassen wir deshalb eine Tabelle folgen, in welcher die physikalischen Eigenschaften der Oele, als Dichte, Siede= punkt und Erstarrungspunkt, mit solcher Vollständigkeit zu= sammengestellt wurden, als diese Zahlen überhaupt von uns und anderen auf dem Gebiete der ätherischen Oele thätigen Chemikern ermittelt worden sind.

Die zur Verfälschung der ätherischen Oele verwendeten Körper sind sehr mannigfaltige. Vom Standpunkte des Fälschers aus erscheint es am rationellsten, ätherische Oele wieder mit ätherischen Oelen zu fälschen und zwar aus den vorerwähnten Gründen, denen zu Folge gerade diese Fälschung am schwierigsten nachweisbar ist.

Neben den ätherischen Oelen verwendet man aber auch fette Oele, Weingeist, Chloroform, Paraffin, Walrath und Wachs und benützt bei verschiedenen ätherischen Oelen jene der genannten Stoffe, welche gerade geeignet erscheinen, um gleichsam hinter dem Oele zu verschwinden und dasselbe in Bezug auf seine specifischen Eigenschaften möglichst wenig zu verändern. Wir werden nachträglich auf die Erkennung dieser zur Verfälschung der ätherischen Oele zurückkommen, und wenden uns vorerst an die Mittel, welche man kennt, um die physikalischen Eigenschaften der Dichte und des Siedepunktes zu ermitteln.

Es sei hier erwähnt, daß vielen ätherischen Oelen, welche dünnflüssig sind, ein gewisses besonderes Verhalten gegen das Licht zukommt; welches mit der wissenschaft=

lichen Benennung als Drehung der Polarisations=Ebene
bezeichnet wird, und welches bei weiteren Studien hierüber
auch gewiß als ein sehr brauchbares Mittel zur Prüfung
der Oele angewendet werden wird. Gegenwärtig kennt man
das Verhalten der Oele im polarisirten Lichte noch zu wenig
und ist auch zur Prüfung ein zu kostspieliger und umständ=
licher Apparat nothwendig, als daß man dieselbe in der
Praxis anwenden könnte.

Die Dichtenbestimmung der ätherischen Oele.

Die Dichtenbestimmung der ätherischen Oele, das heißt
die Ermittelung des Gewichtes, welches ein Volumen Oel
im Vergleiche mit dem gleichen Volumen Wasser besitzt,
kann auf zweierlei Weise vorgenommen werden, je nachdem
man es mit dünnflüssigen oder dickflüssigen Oelen zu thun
hat, welch' letztere eine besondere Behandlungsweise noth=
wendig machen.

Bei ätherischen Oelen, welche genügende Dünnflüssig=
keit besitzen, verwendet man allgemein das Piknometer als

Fig. 21.

bequemstes Instrument zur Dichtenbestim=
mung, welches aber den Besitz einer feinen
Wage, welche mindestens bis auf ein
Tausendstel Gramm genau wiegen muß,
voraussetzt. Das Piknometer besteht aus
einem gläsernen Fläschchen (Fig. 21), in
dessen Hals eine sehr enge Glasröhre, ein Stück
einer Thermometerröhre, eingeschliffen ist.

Um mit dem Piknometer zu arbeiten,
füllt man es vorerst genau bis zum
Rande mit destillirtem Wasser, und
läßt die Glasröhre allmälig in den Hals des Fläschchens
einsinken; der Ueberschuß des Wassers tritt durch das enge

Rohr nach oben, fließt über den Rand des Rohres hinab und wird mittelst Löschpapier vollständig weggenommen, so daß das Fläschchen außen ganz trocken erscheint. Man hat nun das Fläschchen ganz mit Wasser gefüllt und bestimmt sein Gewicht auf das genaueste. Bei dieser Gewichts-Bestimmung hat man die Temperatur zu beachten; da bekanntlich die Wärme die Flüssigkeiten ausdehnt, so wird, wenn die Wägung bei höherer Temperatur vorgenommen wird, das Fläschchen mit dem Wasser weniger wiegen, als wenn man die Wägung bei niederer Temperatur vornimmt.

Wenn man die Wägung des Fläschchens bei verschiedenen Temperaturen vornimmt, so ist es zweckmäßig, die hiebei gefundenen Gewichte zu notieren, da sich diese Zahlen bei späteren Bestimmungen bei gleichen Temperaturen gut verwerthen lassen. Am geeignetsten ist es, die Wägungen bei einer Temperatur von 15 Graden Celsius vorzunehmen, da dies der Wärmegrad ist, welchen unsere Wohnräume gewöhnlich besitzen.

Nachdem man das Fläschchen mit dem Wasser gewogen hat, entleert man es, trocknet es vollkommen aus und füllt es ganz auf dieselbe Art, wie es mit Wasser gefüllt wurde, mit dem ätherischen Oele, dessen Dichte zu bestimmen ist. Die Wägung des mit dem Oele gefüllten Fläschchens ergiebt nunmehr entweder ein geringeres Gewicht, als die Wägung des mit Wasser gefüllten Fläschchens; in diesem Falle ist das Oel specifisch leichter als Wasser, oder sie ergiebt ein größeres Gewicht, und dann ist das Oel dichter als Wasser.

Man dividirt nun die durch Wägung des mit Oel gefüllten Fläschchens ermittelte Zahl durch jene, welche man durch Wägung des mit Wasser gefüllten gefunden hat; der Quotient, welchen man bei dieser Division erhält, ist jene Zahl, welche die Dichte des Oeles bei der entsprechenden Temperatur besitzt.

Die Dichte eines ätherischen Oeles, welches von dünn= flüssiger Beschaffenheit ist, kann auf die Weise ermittelt werden, daß man an die kürzere Wagschale der hydrosta= tischen Wage (vergl. Fig. 22) mittelst eines feinen Platin= drahtes einen thränenförmigen Glaskörper hängt, das Ge= wicht desselben ermittelt, wenn es im reinen destillirten Wasser von 15 Graden Celsius hängt, sodann ein kleines mit dem zu untersuchenden Oel gefülltes Gefäß untersetzt, in welches der Glaskörper eingesenkt wird, und abermals wägt. Das Gewicht des in das Oel getauchten Glaskörpers dividirt durch jenes, welches der= selbe in Wasser getaucht besitzt, giebt wieder die Dichte des ätherischen Oeles an.

Bei ätherischen Oelen von dickflüssiger oder gar fester Consistenz ist die Bestimmung der Dichte derselben weder mittelst des Piknometers noch des Glastropfens möglich. Wir wenden zu diesem Zwecke die hydrostatische Wage an und haben die Operation nach unseren Erfahrungen ent= sprechend modificirt.

Die hydrostatische Wage (Figur 22) besteht aus einer gewöhnlichen genauen Wage, deren eine Schale an kürzeren Stangen aufgehängt ist und an der Unterseite einen kleinen Haken trägt, an welchem mittelst eines sehr dünnen Platin= drahtes eine Spirale aus etwas stärkerem Platindrahte befestigt ist, die in Wasser taucht.

Um mittelst dieses Apparates die Dichte eines zäh= flüssigen oder festen ätherischen Oeles zu ermitteln, nimmt man ein Uhrglas, bestimmt dessen Gewicht ganz genau, wenn es auf der kürzeren Schale und wenn es auf der in

Waſſer getauchten Platinſpirale liegt und notirt
die betreffenden Gewichte. Man ſetzt ſodann das vollkommen
getrocknete Uhrglas auf die kürzere Schale der Wage, nach=
dem man auf daſſelbe eine kleine Menge — einige Gramme
— des zu prüfenden Oeles gebracht hat, beſtimmt das

Fig. 22.

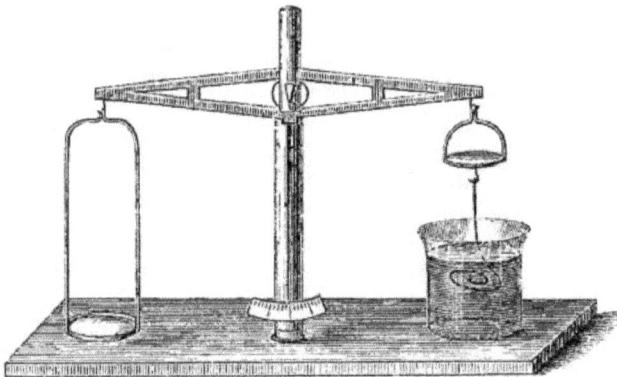

Gewicht des Oeles, ſetzt ſodann das Uhrglas mit dem Oele
auf die Platinſpirale und beſtimmt das Gewicht des Oeles
im Waſſer. Das Gewicht des Oeles im Waſſer,
dividirt durch ſein Gewicht in der Luft, giebt
die Dichte des Oeles. Dieſe Art der Dichtenbeſtim=
mung iſt zwar mit einer Fehlerquelle behaftet, die darin
liegt, daß die ätheriſchen Oele bis zu einem gewiſſen Grade
im Waſſer löslich ſind, wie uns ja die Entſtehung der
aromatiſirten Wäſſer bei der Deſtillation beweiſt. Wie wir
aber durch directe Verſuche ermittelt haben, iſt dieſe Fehler=
quelle von ſo geringfügigem Einfluſſe, daß ſie die Richtigkeit
der Beſtimmungen ſelbſt in den Zehntauſendſteln noch nicht
alterirt, da ja die Oele einfach in das ruhige Waſſer bei
gewöhnlicher Zimmerwärme getaucht wurden und die ganze
Wägung in einigen Minuten beendet iſt.

Die Bestimmung des Siedepunktes der ätherischen Oele.

Bekanntlich hängt der Siedepunkt einer Flüssigkeit nebst den besonderen Eigenschaften derselben auch von dem auf ihr lastenden Luftdrucke ab, er steigt mit dem größer werdenden Drucke und sinkt bei Abnahme desselben.

Der mit 100 Graden angenommene Siedepunkt des Wassers hat nur für das Niveau des Meeres und für einen Barometerstand von 760 Mm. Giltigkeit. An Orten, welche höher liegen als der Meeresspiegel, siedet das Wasser und alle Flüssigkeiten bei einer um so niederen Temperatur, je höher dieser Ort gelegen ist, weil ja die auf dem Wasser lastende Luftschichte eine minder hohe ist. Man wird demnach vorerst zu ermitteln haben, bei welcher Temperatur das Wasser an dem betreffenden Orte bei 760 Mm. Barometerstand siedet.

Zur Bestimmung des Siedepunktes der ätherischen Oele bedienen wir uns eines langen Thermometers, dessen Theilung bis über 300 Grade geht, bei welchem ferner jeder Grad in Zehntel getheilt ist und der Abstand zwischen zwei der letzten Theilstriche ein so großer ist, daß man Hundertstel-Grade abschätzen kann. Dieses Thermometer senken wir mittelst eines Korkes in ein etwa 2 Cm. weites Glasrohr (Figur 23), welches durch einen passenden Träger gehalten wird und in geringer Entfernung über einem Metallschälchen frei hängt, das durch eine Gas- oder Weingeistflamme erhitzt werden kann. In das Glasrohr bringt man einige Cubik-Centimeter des zu untersuchenden Oeles und schiebt das Thermometer soweit hinab, daß die Kugel desselben einige Millimeter über dem Spiegel der Flüssigkeit

ſchwebt, ohne dieſe ſelbſt zu berühren. In den Kork, welcher
das Thermometer trägt, iſt ein rechtwinklig gebogenes
Fig. 23.　　Rohr befeſtigt, welches an beiden Enden
offen iſt.

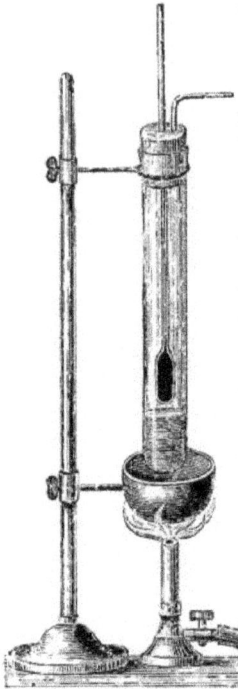

Um den Siedepunkt zu beſtimmen,
erhitzt man das unter dem Rohre an=
gebrachte Schälchen ſo weit, bis man
an der Entwickelung von Gasblaſen
aus dem ätheriſchen Oele das Ein=
treten des Siedepunktes erkennt. Die
Flamme wird nunmehr ſoweit gemäßigt,
daß das Sieden eben fortdauert und
das Erhitzen ſo lange fortgeſetzt, bis
man an dem Stande des Queckſilbers
keine größere Veränderung mehr wahr=
nimmt. Man notirt ſodann den Stand
des Thermometers, ſetzt aber das Kochen
fort und notirt wieder von fünf zu fünf
Minuten den Thermometerſtand. Aus
drei oder vier Beobachtungen nimmt man
das arithmetiſche Mittel und erhält auf
dieſe Weiſe den Siedepunkt des Oeles
mit der größtmöglichen Schärfe.

Bei manchen dickflüſſigen Oelen findet man, daß die=
ſelben bei einem gewiſſen Wärmegrade anfangen durchſichtig
zu werden und beim Abkühlen wieder bei einem gewiſſen
Wärmezuſtande ihre Durchſichtigkeit verlieren. Bei feſten
Körpern tritt das Schmelzen bei einer gewiſſen Temperatur
ein und erſtarrt die Flüſſigkeit wieder bei einer Temperatur,
welche oft tiefer liegt als der Schmelzpunkt; alles dieſes
ſind Verhältniſſe, welche wohl berückſichtigt werden müſſen,

da sie oft wichtige Anhaltspunkte in Bezug auf die Rein=
heit eines ätherischen Oeles bieten.

Der Erstarrungspunkt der ätherischen Oele.

Die meisten ätherischen Oele erstarren beim Abkühlen
auf eine gewisse Temperatur entweder vollständig oder es
erstarrt nur ein Theil derselben, während ein anderer selbst
bei sehr niederen Temperaturen flüssig bleibt; man nennt
den ersteren Theil das Stearopten, den zweitgenannten das
Elaopten oder Elaeopten. Manche ätherische Oele erstarren
schon bei verhältnißmäßig hohen Temperaturen, wie das
Fenchel=, Anis= und Rosenöl, andere hingegen erstarren selbst
bei sehr bedeutender Abkühlung gar nicht, oder nur theilweise.

Um den Erstarrungspunkt von Oelen, welche erst bei
niederer Temperatur fest werden, zu ermitteln, bedient man
sich der Kältemischungen, welche man aus zerstoßenem Eis,
und Kochsalz, Chlorcalcium oder Ammonium=Nitrat be=
reitet. Die Kältemischung wird in einem größeren Gefäße
bereitet und in das Gemisch ein hohes dünnwandiges Glas=
gefäß eingesetzt, in das man mittelst Fäden ein Röhrchen
mit dem betreffenden Oele und ein mit gefärbtem Weingeist
gefülltes Thermometer einsenkt; von Zeit zu Zeit hebt man
das Röhrchen aus dem Gefäße, um nachzusehen, ob schon
eine Ausscheidung von Krystallen oder vollständiges Er=
starren eintritt und notirt die Temperaturen, welche das
Thermometer in jenem Zeitpunkte anzeigt, in welchem diese
Erscheinungen eintreten.

Wenn man an vollkommen reinen Oelen die vorge=
nannten Bestimmungen vornimmt, so kann man es bald
dahin bringen, schon durch Vergleichung der Resultate in
vielen Fällen zu erkennen, ob man in einem zu prüfenden
Oele ein reines oder gefälschtes Product vor sich hat.

Tabelle

über die Dichten, Siedepunkte, Erstarrungspunkte und chemische Zusammen=
setzung reiner ätherischer Oele.

(Die doppelten Zahlen geben die Grenzen an, innerhalb welcher
die betreffenden Werthe schwanken.)

Oele von	Dichte bei 15 Graden Celsius	Siedepunkt in Graden Celsius	Erstarrungspunkt in Gr. Cels.	Chemische Zusammensetzung
Anis	0,977—0,991	205	6—20	$C_{10} H_{12} O$
(Anis-Stearopten) . . .	1,044	220	16—20	$C_{10} H_{12} O$
Baldrian	0,940—0,960	200	—	$\left\{\begin{array}{l} C_5 H_{10} O_2 \text{ Valeriansäure} \\ C_8 H_{10} O \text{ Balerol} \\ C_{10} H_{16} \text{ Baleren} \end{array}\right.$
Bergamotten	0,856—0,888	185—193	—2¼	$C_{10} H_{16}$
Bernstein	0,840—0,940	160—260	?	$C_{10} H_{16}$
Bittermandeln	1,0430	—	—	$C_7 H_6 O$
(Nitrobenzol)	—	213	—3	$C_6 H_5 N O_2$
Brunnenkresse	—	261	?	$C_9 H_9 N$
Cajaput	0,897—0,978	173—175	?	$C_{10} H_{18} O$
Calmus	0,890—0,950	212	?	?
Campher von China . .	0,985—0,996	204	175	$C_{10} H_{16} O$
Campher von Borneo . .	?	212—220	198	$C_{10} H_{18} O$
Camillen (blaues) . .	0,924	105—295	6	$C_{10} H_{16} O$
Camillen (grünes) . .	?	160—210	?	$C_5 H_8 O_2$
Cederholz	?	264	—22	
Cederholz	0,9622	271	27	$C_{15} H_{24}$
(Cederholz-Stearopten)	—	—	—	$C_{15} H_{26} O$
Citronen	0,850	167—173	—20	$C_{10} H_{16}$
Citronella	0,8741	200	?	?
Cochlearia	?	158—165	?	$C_5 H_9 S N$
Copaiva	0,880—0,885	245	?	$C_{10} H_{16}$
Coriander	0,859	150	?	$C_{10} H_{18} O$
Cubeben	0,920—0,936	250—260	?	$C_{18} H_{24}$
Cubeben-Stearopten . .	?	150—155	69	$C_{15} H_{26} O$
Cumarin	—	290	67	$C_9 H_6 O_2$
Dill	0,8922	173	—	$C_{10} H_{16}$
Dragontraut	0,9356	200—206	—	$C_{10} H_{12} O$
Fenchel	0,940—0,997	185—190	4—18	$C_{10} H_{16}$
Geranium	0,887—0,910	210—240	—15	$C_{10} H_{18}$
Hopfen	0,900—0,010	195—300	—17	$C_{10} H_{16}$ und $C_{10} H_{18} O$
Ingwer	?	246	—	$C_{30} H_{138} O_5$ (?)
Knoblauch	—	140	—·	$(C_3 H_5)_2 S$
Krausemünze	0,890—0,960			
Kümmel	0,900—0,960	175—230	—	$\left\{\begin{array}{l} C_{10} H_{16} \text{ Carven} \\ C_{10} H_{14} O \text{ Carvol} \end{array}\right.$
Kümmel römischer . .	0,975 0,973	170—230 220	—	$\left\{\begin{array}{l} C_{14} H_{14} \text{ Thymol} \\ C_7 H_{60} \text{ Cuminol} \end{array}\right.$
Lavendel	0,876—0,880			
(Spitlavendel) . . .	—	140	?	
Limette	—	—	—	$C_{10} H_{16}$
Lorbeer	0,914	170	12	$C_{10} H_{16} O$
Macis	0,870—0,930			$C_{10} H_{16}$
Majoran	0,890—0,910	163	—15	
Muscatnuß	0,920—0,948			

Oele von	Dichte bei 15 Graden Celsius	Siedepunkt in Graden Celsius	Erstarrungspunkt in Gr. Celf.	Chemische Zusammensetzung
Muscat-Stearopten	—	—	—	$C_{10}H_{20}O_3$
Münze, grüne	0,9515	225	—	$C_{10}H_{14}O$
Myrrhe	1,019	—	—	$C_{10}H_{14}O$
Nelkengewürz	1,030—1,080	250	—20	$C_{10}H_{12}O_2$
Orangenblüthen (Neroli)	0,819	—	—16	
Orangenschalen	0,836—0,890	150	—	$C_{10}H_{16}$
Patschuli	0,959—1,012	282—291	—	$C_{15}H_{24}$
Patschuli-Stearopten	1,051	296	54—55	$C_{15}H_{28}O$
Peterfilien	1,015—1,044	160—170	2—8	$C_{10}H_{16}$
Peterfilien-Campher	—	300	30	$C_{12}H_{14}O_4$
Pfeffer	0,993	167—170	—	$C_{10}H_{16}$
Pfefferminze	0,900—0,920	188—193	—	
Pfefferminze-Campher	—	208	36	$C_{10}H_{20}O$
Raute	0,8295	225—226	5—6	$C_{11}H_{22}O$
Rosen	0,832	222	14—20	
Rosen-Stearopten	—	280—300	35	C_8H_{16}
Rosenholz	?	249	?	$C_{10}H_{16}$?
Rosmarin	0,885—0,887	166—168	27—30	$C_{10}H_{16}$
Sabina	0,870—0,940	155—160	2	$C_{10}H_{16}$
Salbei	0,860—9,920	130—160	2	$\left\{\begin{array}{l}C_{12}H_{20}\\C_9H_{15}O\\?\end{array}\right.$
Santalholz	0,975	293	?	
Saffafras	1,070—1,090	—	—	$C_{10}H_{16}$
Saffafras-Stearopten	1,114	231—232	—	$C_{10}H_{10}O_2$
Sellerie	0,881	—	—	
Senf	1,010	148	—	C_4H_5NS
Spirea	1,173	196,5	—20	$C_7H_6O_2$
Sternanis	0,982	?	2—0	$C_{10}H_{12}O_2$
Terpentin	0,850—0,890	160—180	—	$C_{10}H_{16}$
Terpentin-Stearopten	—	150—155	103	$C_{10}H_{20}O_2$
Thymian	—	150—235	—	$\left\{\begin{array}{ll}C_{10}H_{16} & \text{Thymen}\\C_{10}H_{14}O & \text{Thymol}\end{array}\right.$
		230	44	
Vanille	—	150	76	$C_8H_{18}O_2$
Veilchenwurzel	—	—	—	?
Vetiver	—	286	—	$C_{10}H_{16}$
Wachholder	0,850—0,880	150—182	—	$C_{10}H_{16}O$
Wermuth	0,900—0,960	180—205	—	?
Weihrauch	?	162	—	
Wintergrün	1,142	200—222	—	$\left\{\begin{array}{ll}C_{10}H_{16} & \text{Gaultherilin}\\C_8H_8O_3 & \text{Methylsalicyl-}\\ & \text{säure}\end{array}\right.$
	1,180	222	—	
Ylang-Ylang	0,980	160—300	?	?
Ysop	0,889	—	—	?
Zimmtöl (echtes)	1,005—1,050	—	—25	?
Zimmt-Caffia	1,030—1,090	225	—	C_9H_8O
Zimmt-Blätter	1,050	?	—	?

XXI.

Chemisch-technische Prüfung der ätherischen Oele auf ihre Reinheit.

Um ätherische Oele auf ihre Reinheit zu prüfen, eventuell Verfälschungen qualitativ und in manchen Fällen sogar in Bezug auf ihre Mengen nachzuweisen, existiren sehr verschiedene Untersuchungsmethoden, welche aber in den meisten Fällen vollkommene Bekanntschaft mit der analytischen Chemie und selbst dann noch eine große Gewandtheit in analytischen Arbeiten voraussetzen. So werthvoll auch diese Methoden für den Chemiker von Fach sind, so sind sie es doch nicht im gleichen Maße für den Fabrikanten oder Kaufmann. Wie uns vielfache Erfahrung gelehrt hat, wenden diese nur solche Proben an, welche sich leicht und rasch durchführen lassen und ein deutlich erkennbares Resultat geben; wir haben uns daher bemüht, unter den vielen Prüfungsarten der ätherischen Oele jene besonders auszuwählen, welche diesen Anforderungen genügen und haben die Untersuchungsmethoden in zwei Hauptgruppen getheilt und zwar in jene, durch welche ein Nachweis von Verfälschungen im Allgemeinen möglich ist, und in jene, welche sich auf die einzelnen Oelgattungen selbst erstrecken und glauben hierdurch den Anforderungen der Praxis vollständig Genüge geleistet und dem Praktiker ausreichende Anleitung geboten zu haben, um die betreffenden Untersuchungen mit Erfolg selbst ausführen zu können.

In wichtigen Fällen, in denen das Resultat der Untersuchung über mehr als über die Frage zu entscheiden hat, ob man das betreffende Oel kaufen soll oder nicht, wird es immer gerathen erscheinen, eine Probe desselben einem tüchtigen Chemiker zur analytischen Prüfung zu übergeben, indem, wie erwähnt, zur Durchführung derselben sehr umfassende wissenschaftliche Kenntnisse nothwendig sind. Die vorhergehend angeführte ausführliche Tabelle über die Dichten und Siedepunkte wird dem Praktiker schon bedeutende Anhaltspunkte gewähren.

Nachweis von Verfälschungen im Allgemeinen.

Die Verfälschungen im Allgemeinen erstrecken sich auf Beimengungen von fetten Oelen, von Alkohol, Chloroform, Terpentinöl, von Paraffin oder Wachs, eventuell auch von Walrath (Spermacet).

Um diese roheren Verfälschungen, sowie auch die oft sehr schwierig nachweisbaren mit anderen ätherischen Oelen mit Sicherheit nachzuweisen, empfehlen wir auf das dringendste, die Prüfung immer auf die Weise vorzunehmen, daß man gleichzeitig mit dem zu untersuchenden Oele der Probe ein solches unterwirft, über dessen Echtheit man keinen Zweifel hat; die Vergleichung der beiderseitigen Resultate bietet oft den einzigen Entscheid über die Echtheit oder das Verfälschtsein eines ätherischen Oeles.

Nachweis von fetten Oelen.

Diese plumpste aller Verfälschungen kann man ohne besondere Schwierigkeiten erkennen. Die Prüfung gründet sich darauf, daß fast alle ätherischen Oele in starkem Weingeist löslich sind, den fetten Oelen aber diese Eigenschaft nicht zukommt. Nur das Ricinusöl macht davon eine

Ausnahme; es ist in Alkohol löslich und wird darum am häu=
figsten zur Verfälschung von ätherischen Oelen angewendet.

Um fettes Oel nachzuweisen, läßt man vorerst einige
Tropfen von dem ätherischen Oele auf ein Blatt Papier
fallen, auf welchem es Flecken hervorbringt, welche den
Fettflecken ganz gleichen. Man legt das Papier in eine
kleine Porzellanschale, die auf einer größeren sitzt, in der
Wasser siedet: war das Oel rein, so verdunstet es in den
meisten Fällen vollständig, das Papier zeigt keinen durch=
scheinenden Fleck mehr. Bei alten Oelen bleibt nicht selten
dennoch ein durchscheinender Fleck zurück, ohne daß das
Oel gefälscht wurde, der von dem Harze herrührt, welches
sich durch Sauerstoffaufnahme gebildet hat und in dem
Oele gelöst bleibt. In diesem Falle entsteht meistens ein
durchscheinender Ring auf dem Papiere, indem sich das
Harz an den Rändern des Oelfleckens zusammenzieht.

Giebt diese Vorprüfung kein greifbares Resultat, so
gießt man einige Cubikcentimeter des Oeles auf ein Uhr=
glas und erwärmt dieses auf einem Bleche sehr langsam
und so lange, bis der Geruch verschwunden ist. Erscheint
das Glasschälchen nach einiger Zeit leer, so war nur äthe=
risches Oel zugegen; bleibt ein zäher Rückstand, so kann
dieser aus fettem Oel oder Harz oder auch aus beiden
bestehen.

Man behandelt den Rückstand mit starkem Alkohol;
löst er sich, so kann Harz oder Ricinusöl da sein. Man
verdünnt die Lösung mit viel Wasser: eine weiße flockige
Trübung deutet auf Harz, die Ausscheidung einer öligen
Flüssigkeit nach längerem Stehen auf Ricinusöl; bleibt er
ungelöst, so besteht er aus irgend einem fetten Oele, ge=
wöhnlich aus Oliven= oder Mandelöl.

Ricinusöl läßt sich dadurch noch mit voller Sicherheit

nachweisen, daß man den Rückstand aus dem Uhrglase mit=
telst eines Glasstabes in eine Proberöhre bringt und dann
mit einigen Tropfen Salpetersäure versetzt. Es erfolgt eine
heftige Gasentwickelung, nach deren Aufhören man so lange
Sodalösung zufügt, als noch Aufbrausen entsteht. War das
zugesetzte fette Oel in der That Ricinusöl, so zeigt der
Inhalt der Proberöhre einen sehr eigenthümlichen Geruch,
der von der durch Einwirkung der Salpetersäure auf das
Ricinusöl entstandenen Oenanthsäure bedingt wird.

Nachweis von Alkohol oder Weingeist.

Größere Mengen von Weingeist in einem ätherischen
Oele lassen sich leicht erkennen; geringe, die nur einige
Procente betragen, sind jedoch nur schwierig zu ermitteln.
Um größere Mengen von Alkohol zu erkennen, destillirt
man eine Partie des Oeles in einem ganz kleinen gläsernen
Destillirapparate, dessen Retorte in Wasser gesenkt ist und
höchstens auf 70 bis 80 Grade erwärmt wird. Man kann
auf diese Weise den Alkohol vollständig abdestilliren und
schon durch den Geruch erkennen. Oele, welche mit großen
Mengen von Alkohol versetzt sind, zeigen übrigens sehr ver=
schiedene Gewichte von jenen, welche sie sonst haben,
ein Verhalten, welches freilich bei vielen Oelen gar nichts
anzeigt, da die Gewichte dieser auch bei vollkommener Rein=
heit des Oeles große Schwankungen zeigen.

Eine sehr praktische Probe, um rasch größere Alkohol=
mengen nachzuweisen, ist die nachfolgend angegebene: Man
nimmt einen in 100 Cubikcentimeter graduirten Cylinder
(umstehende Figur 24) und füllt denselben bis zur Marke 10
mit dem zu untersuchenden Oele, auf welches man Wasser
gießt, bis dieses bis zur Marke 50 reicht. Oel und Wasser
werden nun tüchtig durchschüttelt und der Cylinder sodann

12 *

so lange ruhig hingestellt, bis sich beide Flüssigkeiten ge=
schieden haben. Hat sich das Volumen des Oeles vermin=
Fig. 24. dert, so ist dies ein Beweis, daß es Alkohol
enthalten hat.

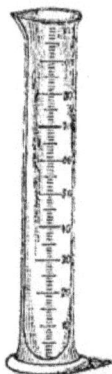

Mischt man nämlich ein ätherisches Oel
mit Weingeist und fügt Wasser zu dem Gemisch,
so trennt sich der Weingeist von dem Oele und
tritt an das Wasser; die ölige Flüssigkeit wird
weniger. Die Verringerung des Oelquantums
gestattet auch einen, wenigstens annähernden
Schluß auf die Menge des zugesetzten Wein=
geistes; reicht das Oel nach dem Schütteln nur
bis zum Theilstrich 8,5, so enthielten 10 Cubik=
Centimeter Oel 1,5 Cubik=Cm. Wasser, folglich
100 Cubik=Cm. 15 Cubik=Cm. oder 15 Percent.

Wenn es sich darum handelt, verhältnißmäßig ganz
kleine Zusätze von Alkohol, 3 oder auch nur 2 Percent
wie solche bei kostbaren Oelen auch vorkommen, nachzu=
weisen, so läßt sich hierzu ein sehr sinnreiches Verfahren
verwenden, welches von A. Oberdörffer angegeben wurde.
Der sogenannte Platinmohr, das ist Platinmetall in Form
eines ungemein zarten, sammtschwarz erscheinenden Pulvers,
besitzt die Eigenschaft, Alkoholdämpfe rasch in Essigsäure
überzuführen. Da nun Essigsäure schon durch den Geruch
selbst, wie auch durch ihre sauren Eigenschaften leichter zu
erkennen ist, als Alkohol, so läßt sich auf diese Weise leicht
ein ganz kleiner Alkoholzusatz nachweisen.

Wir führen die Probe auf folgende Weise aus: Auf
eine Porzellan=Untertasse werden drei Stücke eines Glas=
rohres gelegt und auf diese ein gewöhnliches Uhrglas ge=
setzt, dessen tiefster Punkt einige Millimeter über der Por=
zellanfläche stehen soll. Auf die Untertasse gießt man von

dem zu untersuchenden Oele und zwar nimmt man zweck=
mäßig 10 oder 20 Gramm Oel. Auf dem Uhrglase wird
Platinmohr ausgebreitet, etwa so viel von dem Pulver als
eine Erbse groß, genügt vollkommen. Ueber die Untertasse
stülpt man eine kleine Glasglocke und überläßt das ganze
24 Stunden lang sich selbst.

Nach Verlauf dieser Zeit kann man annehmen, daß
aller Alkohol in Dampf übergegangen und in Essigsäure
verwandelt wurde, welche sich dem Platinmohre anhaftend
vorfinden muß. Man hebt das Schälchen mit dem Platin=
mohr ab, spült letzteren mit möglichst wenig destillirtem
Wasser in ein Proberöhrchen und setzt der Flüssigkeit ein
Stückchen blaues Lackmuspapier zu; wird dieses r o t h ,
so war Alkohol dem Oele beigemengt, bleibt es blau, so
war das Oel nicht mit Alkohol gefälscht.

Wenn man den Platinmohr wiederholt mit Wasser
auswäscht, so erhält man alle vorhandene Essigsäure und
kann diese durch das sogenannte Titrirverfahren (durch
Sättigen mit einer Natronlauge von bestimmtem Natron=
gehalt) auf einfache Art sehr genau bestimmen.

Man hat außer den erwähnten noch eine ganze Reihe
von Methoden vorgeschlagen, um Alkohol in ätherischen
Oelen nachzuweisen und eignen sich diese Methoden für
manche Oele sehr gut. Da sie aber bei gewissen Oelen
fehlerhafte Anzeigen geben (namentlich wenn die Oele Säu=
ren enthalten) und hierdurch leicht Täuschungen stattfinden
können, so haben wir uns auf die vorerwähnten Proben
beschränkt, welche für alle ätherischen Oele anwendbar sind.

Nachweis von Chloroform.

Um Chloroform qualitativ nachweisen zu können, läßt
sich folgendes einfache Verfahren anwenden. Man bringt

das zu untersuchende Oel in einen ganz kleinen Glaskolben, an dem man ein rechtwinklig gebogenes Glasrohr befestigt, das man an einer Stelle glühend macht und in dessen Mündung man einen feuchten Streifen Papier steckt, das mit Kleister bestrichen ist, in den Jodkalium gelöst ist. Wenn man den Inhalt des Kolbens auf etwa 70 Grad erwärmt, so verdampft alles Chloroform ganz sicher und giebt sich dessen Anwesenheit dadurch zu erkennen, daß der ursprünglich weiße Streifen von Jodkaliumpapier blau wird.

Die Dämpfe des Chloroforms werden nämlich beim Passiren der glühenden Rohrstelle zersetzt und entsteht freies Chlor, welches aus dem Jodkalium Jod ausscheidet. Letzteres hat aber die Eigenschaft, in freiem Zustande Stärkekleister blau zu färben. — Um Chloroform quantitativ nachzuweisen, bedarf es einer ziemlich umständlichen chemischen Analyse.

Nachweis von Terpentinöl.

Das Terpentinöl, und zwar das höchst rectificirte, wasserhelle Terpentinöl, welches einen gar nicht unangenehmen Geruch besitzt, wird sehr häufig zum Fälschen von anderen ätherischen Oelen angewendet. Es ist nun schwierig, dieses Oel mit voller Sicherheit nachzuweisen. Am sichersten gelangt man dabei nach unserer Meinung zum Ziele, wenn man sich der Eigenschaft des Terpentinöles bedient, in Alkohol leichter löslich zu sein, als die Mehrzahl der anderen ätherischen Oele.

Um diese Probe auszuführen, nehmen wir gewöhnlich 10 Gramm des Oeles und schütteln sie mit etwa 40 Gramm von sehr starkem (90percentigem) Alkohol durch einige Minuten auf das kräftigste. Sobald sich die Flüssigkeiten wieder in zwei Schichten getrennt haben, gießt man die obere, welche die alkoholische Lösung des Terpentinöles ist, in eine kleine gewogene Porzellanschale, die man auf etwa 50 Grade erwärmt. Der Alkohol verdampft sehr rasch und hinterläßt das reine Terpentinöl. Hat die Schale bei der Wägung mit dem Oele um 1 Gramm zugenommen, so enthielten 10 Gramme des untersuchten Oeles 1 Gramm Terpentinöl, respective 10 Percent.

Die Fälschungen der ätherischen Oele mit Terpentinöl gehen bis in's Unglaubliche; manches sogenannte Kümmelöl des Handels ist eigentlich nichts als rectificirtes Terpentinöl, welches gerade mit so viel echtem Kümmelöl versetzt wurde, als nothwendig war, um der Flüssigkeit den charakteristischen Geruch des Kümmelöles zu verleihen.

Hat man eine etwas größere Quantität des Oeles zur Verfügung, z. B. etwa 100 Gramm, so kann man das Terpentinöl leicht durch Destillation ausscheiden, vorausgesetzt, daß der Siedepunkt des zu untersuchenden Oeles ziemlich weit von jenem des ätherischen Oeles entfernt liegt. Man erwärmt nicht weiter, als bis zu etwa 160 Graden, bei welcher Temperatur das Terpentinöl nach einigem Erhitzen vollständig überdestillirt. Hat man es mit einem Oele zu thun, welches nach der früher angegebenen Zusammenstellung schon bei einer niederen Temperatur siedet, so erwärmt man nur bis zum Siedepunkt dieses Oeles, wobei dieses destillirt, das Terpentinöl aber in der Retorte zurückbleibt.

Die sogenannte Verreibprobe hat nur für denjenigen Werth, welcher einen ausgebildeten Geruchssinn besitzt. Sie besteht darin, daß man einen Tropfen des zu untersuchenden Oeles auf einer Glasplatte verreibt; ein geübtes Geruchsorgan findet leicht das Terpentinöl durch seinen charakteristischen Geruch heraus.

Nachweis von Paraffin, Wachs und Walrath.

Die drei vorgenannten Stoffe sind bei jenen Temperaturen, bei welchen die ätherischen Oele sieden, nicht flüchtig; man kann sie daher durch Destillation ausscheiden, und
bedient sich sodann der Schmelz= und Erstarrungspunkte
dieser Körper, um zu ermitteln, welcher derselben vorhanden
ist. Paraffin schmilzt bei 51 Graden Celsius, Wachs bei
65 und Walrath bei 45 Graden.

Andere Prüfungsmethoden.

Von verschiedenen Chemikern sind zahlreiche Proben
vorgeschlagen worden, welche den Zweck haben sollen, bei
jedem ätherischen Oele überhaupt erkennen zu lassen, ob
das Oel echt oder verfälscht sei. Obwohl nun diese Proben
für manche ätherische Oele recht charakteristisch sind, reichen
sie dennoch nicht für alle derselben aus, was bei den bedeutenden Unterschieden, die sich in der chemischen Beschaffenheit der ätherischen Oele zeigt, leicht einzusehen ist.

Die Probe mit Nitroprussidkupfer.

Diese Probe dient ganz besonders dazu, sauerstofffreie
Oele neben sauerstoffhältigen zu erkennen; wenn man nämlich eine sehr kleine Menge von Nitroprussidkupfer, etwa
wie ein halbes Hirsekorn, mit dem zu untersuchenden Oele
kocht, so zeigt sich bei sauerstoffhältigen Oelen die Flüssigkeit dunkel gefärbt und der Niederschlag braun oder
mißfarbig. Bei sauerstofffreien Oelen bleibt die Flüssigkeit in Bezug auf ihre Farbe ungeändert, der Niederschlag
ist schön grün oder blau gefärbt.

Die Jodprobe.

Beim Zusammenbringen von ätherischen Oelen mit Jod treten verschiedene Erscheinungen ein. Man führt die Probe so aus, daß man ein Jodkörnchen von der Größe eines Stecknadelkopfes mit 5 bis 6 Tropfen des Oeles auf einem Uhrglase zusammenbringt. Manche verpuffen mit dem Jod unter bedeutender Wärmeentwicklung; manche entwickeln langsam Dämpfe unter geringerer Erwärmung; manche wirken gar nicht auf Jod ein, lösen dasselbe aber meistens mehr weniger rasch.

Die Alkohol=Schwefelsäure=Probe.

Wenn man ätherisches Oel mit etwa einem Sechstel ihres Volumens mit starker Schwefelsäure schüttelt, so findet eine mehr weniger starke Erhitzung statt. Nachdem man die Flüssigkeit so lange stehen gelassen, bis sie gänzlich abge=kühlt ist, fügt man das Vier= bis Fünffache an starkem Weingeist zu und mengt die Flüssigkeiten durch starkes Schütteln. Die Mischung ist dann entweder trübe oder durchsichtig, in ihrer Farbe geändert und bildet einen in kochendem Weingeist löslichen oder unlöslichen Körper.

Die Natriumprobe.

Natriummetall in sauerstofffreie Oele gebracht, bleibt unverändert und verändert auch die Oele nicht; aus sauer=stoffhaltigen entwickelt es Wasserstoff; bei Gegenwart von Weingeist ist diese Entwickelung sehr stürmisch und wird das Gemisch nach kurzer Zeit ganz dunkel und zähflüssig.

Nachweis von Verfälschungen in bestimmten Oelen.

In der Praxis der Fälscher von ätherischen Oelen hat sich sozusagen eine Art von rationellem Betrieb ihres

Geschäftes ausgebildet, indem dieselben ganz besonders dahin wirken, nur solche Stoffe zur Verfälschung von ätherischen Oelen anzuwenden, welche möglichst schwierig erkannt werden können. Man wird daher wohl kaum ein Anisöl finden, welches mit Terpentinöl verfälscht wäre, indem durch diesen Zusatz der charakteristisch hoch liegende Schmelzpunkt sehr bedeutend herabgedrückt würde; ebensowenig wird man ein mit Alkohol verdünntes Rosenöl finden, da dieses hiedurch zu dünnflüssig würde.

Anisöle.

Eigentliches Anisöl erstarrt schon bei ziemlich hoher Temperatur, doch ist diese Eigenschaft nicht gerade als ein ganz untrügliches Zeichen der Güte eines Anisöles aufzufassen, indem das minder werthvolle Anisspreuöl bei noch höherer Temperatur erstarrt, als das aus Samen destillirte Product. Charakteristisch für Anisöl ist die relative Schwerlöslichkeit desselben in starkem Alkohol im Vergleiche zu anderen ätherischen Oelen; es bedarf nämlich zu seiner vollständigen Lösung etwa fünf Theile Alkohol.

Um Anisöl von Sternanisöl zu unterscheiden, welches demselben sehr ähnlich, aber werthvoller ist, als dieses, läßt sich zweckmäßig die Natriumprobe anwenden. Beide Oele entwickeln mit Natrium langsam Wasserstoffgas, bei Anisöl entsteht in einer farblosen Flüssigkeit ein weißer Niederschlag; bei Sternanisöl sind Flüssigkeit und Niederschlag gelb. Mit Jod geben Anis= und Sternanisöl bei geringerer Erwärmung wenig Dämpfe, mit Schwefelsäure und Weingeist eine über dem Oele stehende klare Flüssigkeit. Verfälscht werden beide Oele mit Paraffin oder Walrath, die man am besten durch Destillation nachweist.

Baldrianöl.

Jod übt keine Wirkung; Schwefelsäure und Alkohol geben eine ganz schwach getrübte Flüssigkeit. Baldrianöl in Schwefelkohlenstoff gelöst giebt mit Schwefelsäure und nachfolgendem Zusatz von Salpetersäure eine schön blaue Flüssigkeit.

Bergamotteöl.

Dieses Oel ist in Weingeist sehr leicht löslich und wird darum auch vielfach mit diesem, sowie mit dem Oel der Orangeschalen verfälscht. Bei Gegenwart des letzteren entsteht durch Alkohol keine klare Lösung. Jod wirkt sehr energisch auf das Oel, wobei violette Dämpfe gebildet werden. Vier Gewichtstheile Bergamotteöl, drei Gewichtstheile Alkohol und ein Gewichtstheil Salpetersäure geben nach einiger Zeit einen festen krystallisirten Körper. Natrium ist auf frisches Bergamotteöl ohne Einwirkung.

Bernsteinöl.

Weder Jod, noch Schwefelsäure und Alkohol, noch Natrium wirken auf dieses Oel ein; es löst sich schwierig in Weingeist; es sind 12 bis 16 Theile 90percentigen Weingeist erforderlich, um es ganz zu lösen.

Bittermandelöl

reagirt weder auf Jod, noch auf Schwefelsäure und Alkohol. Bei diesem Oele ist es aber besonders wichtig, dasselbe auf einen Zusatz von Nitrobenzol zu prüfen, der wegen der Aehnlichkeit im Geruche häufig zur Verfälschung des Bitter= mandelöles benützt wird.

Zum Nachweis von Nitrobenzol löst man 1 Gramm Bittermandelöl in 10 Gramm Weingeist, versetzt die Lösung

mit 1,5 Gramm festen Aetzkali und dampft sie bis zu einem
Drittel des ursprünglichen Volumens ein; reines Bitter=
mandelöl wird hierdurch braun, bleibt aber ganz flüssig;
solches, welches mit Nitrobenzol gemengt ist, giebt einen
braunen, harzartigen Körper, der in der Flüssigkeit schwimmt.

Cajaputöl.

Ohne Wirkung auf Jod, Schwefelsäure und Alkohol;
Natrium entwickelt nur wenig Wasserstoff.

Calmusöl.

Leicht löslich in Weingeist, 1 Theil Weingeist löst
1 Theil Calmusöl; mit Jod bildet es nach einigen Stunden
eine rothgelbe, zähe Masse und entwickelt hierbei schwache,
gelblich oder grau gefärbte Dämpfe.

Campher

giebt mit Jod gerieben eine braune dickflüssige Masse,
ebenso mit rauchender Schwefelsäure (allein ohne Alkohol);
Brom bildet mit Campher eine rothbraune, bald krystalli=
sirende Flüssigkeit; eine Verfälschung dieses Oeles kommt
überhaupt nur selten vor.

Citronenöl

wird vielfach mit Orangenschalenöl, Bergamotteöl u. s. w.
verfälscht, welche Zusätze nur sehr schwierig zu erkennen
sind. Reines Terpentinöl zersetzt sich unter lebhafter Ver=
puffung mit Jod, ebenso mit starker Salpetersäure und
scheidet mit dieser ein braunes Harz ab. Die Reinheit des
Oeles wird am sichersten durch den Geruchsinn ermittelt.

Copalvaöl

verpufft auf Zusatz von Salpetersäure mit großer Heftigkeit;
mit Schwefelsäure erhitzt es sich stark, Natrium ist ohne
Wirkung.

Corianderöl

zersetzt sich mit Jod unter Explosionserscheinung, verharzt mit Salpetersäure sehr rasch und löst sich leicht in Alkohol und Essigsäure.

Fenchelöl.

Jod reagirt sehr wenig, bildet nur wenig Dämpfe unter schwacher Erwärmung, giebt mit Weingeist und Schwefelsäure ein klares Gemisch, ist gegen Natrium indifferent.

Geraniumöl

erscheint im Handel sehr häufig schon mit Citronengrasöl verfälscht und ist gegen die angewendeten Reagentien ziemlich indifferent; mit Natrium giebt es eine schwache Gasentwickelung.

Krausemünzöl

giebt mit Jod eine schwache Reaction (Pfeffermünzöl reagirt gar nicht auf Jod), erwärmt sich mit Schwefelsäure und Alkohol nur wenig. Dieses Oel wird häufig mit rectificirtem Terpentinöl gefälscht, kann aber von diesem durch seine große Löslichkeit in Weingeist, mit dem es sich in jedem Verhältnisse mischen läßt, unterschieden werden.

Kümmelöle.

Das eigentliche Kümmelöl reagirt wenig auf Jod und giebt mit Alkohol und Schwefelsäure eine ziemlich klare Flüssigkeit. Das römische Kümmelöl aus Cuminum Cyminum verhält sich auf ähnliche Weise, läßt sich aber leicht dadurch erkennen, daß es durch Kochen mit Aetzkalilauge in Cuminsäure übergeht.

Lavendelöle.

Das echte Lavendelöl explodirt mit Jod ziemlich heftig, mit Alkohol-Schwefelsäure giebt es eine sehr schwach

getrübte Lösung. Die hauptsächlichsten Verfälschungen, welche
bei diesem Oele vorkommen, geschehen mit Terpentinöl und
Alkohol. Terpentinöl kann man durch Behandeln mit starkem Weingeist auffinden: zur Lösung von 1 Theil Lavendelöl sind 5 Theile 90percentigen Weingeistes erforderlich;
die Lösung ist dann eine ganz vollständige; enthält das
Oel Terpentinöl beigemengt, so ist wegen der schweren
Löslichkeit dieses Oeles in Weingeist die Flüssigkeit trübe.

Eine Beimengung von Weingeist kann man durch die
angeführte Platinmohrprobe herausfinden, sowie durch Be-
handeln des Oeles mit einer kleinen Menge von Gerbstoff
(Tannin). Wird letzteres nicht verändert, so enthält das
Oel keinen Weingeist, wird es zäh und klebrig, so ist das
Oel mit Weingeist gefälscht.

Spiklavendelöl ist in seinem chemischen Verhalten dem
echten Lavendelöle so ähnlich, daß es kaum möglich ist, die
Verfälschung des echten Oeles mit Spiklavendelöl auf che-
mischem Wege herauszufinden. Daß ein Zusatz von Spiklavendelöl zu echtem Lavendelöl wirklich als Verfälschung
bezeichnet werden muß, erhellt schon aus dem so ungemein
verschiedenen Handelswerthe beider Oele. Das einzige und
zuverlässigste Unterscheidungsmittel liefert in diesem Falle
der Geruchssinn, und ist es deshalb gerade bei diesen Oelen
zu empfehlen, die specifischen Gewichte beider an zuverlässig
als rein bekannten Proben zu studiren.

Limetteöl

verhält sich fast ganz so wie Citronenöl und ist auch bei
diesem Oele und den anderen, den Citronen ähnlich riechenden Oelen die Unterscheidung ziemlich schwierig, da sie sich
alle sehr gleichen und auch hier der Geruch des Oeles
sicherere Anhaltspunkte giebt, als die chemischen Agentien.

Macisöl.

Mit Jod zusammengebracht zersetzt sich dieses Oel sehr rasch unter heftiger Verpuffungserscheinung; mit Natrium entwickelt es langsam eine geringe Menge von Wasserstoff, ist übrigens durch seinen charakteristischen Geruch leicht zu erkennen.

Majoranöl

reagirt wenig auf Jod, erhitzt sich mit Alkohol und Schwefelsäure nur wenig und giebt ein ziemlich klares Gemisch.

Muscatöl

verhält sich dem Macisöle sehr ähnlich, ist aber durch seinen Geruch und charakteristischen Geschmack leicht von diesem zu unterscheiden.

Nelkenöl.

Dieses Oel (Gewürznelkenöl) ist durch sein eigenthümliches Verhalten leicht zu erkennen: es löst sich sehr leicht in Alkohol und starker Essigsäure und verwandelt sich beim Schütteln mit Kalilauge in eine butterartige Masse, giebt mit Alkohol und Schwefelsäure eine klare Flüssigkeit, und mit Jod eine mäßige Reaction.

Orangenblüthenöle.

Diese kostbaren Oele sind häufig verfälscht und zwar auf doppelte Art, entweder mit Ricinusöl oder mit den billigen Oelen anderer Aurantiaceen. Man prüft vorher, wie oben beschrieben wurde, auf die Gegenwart von Ricinusöl; ist dieses vorhanden, so ist eine weitere Untersuchung auf das Vorhandensein anderer Orangenöle mit den uns zu Gebote stehenden Mitteln gar nicht durchführbar. Fehlt jedoch das Ricinusöl, so kann man das angebliche Neroliöl auf die Beimischung anderer Aurantiaceenöle nach folgendem Verfahren untersuchen:

Man löst einige Tropfen des Oeles in etwa 50 Tropfen
von 90percentigem Weingeist und setzt unter beständigem
Schütteln etwa 15 bis 18 Tropfen englischer Schwefel=
säure zu; hat man reines Neroliöl vor sich, so färbt sich
die Flüssigkeit röthlichbraun; je rascher dies erfolgt und je
lebhafter die Farbe ist, desto frischer ist das Oel. Die an=
deren Aurantiaceenöle geben entweder rein rothe oder röth=
lichgelbe Flüssigkeiten; wenn man die Mühe nicht scheut,
derartige Proben absichtlich anzustellen, indem man z. B.
Neroliöl mit Orangenschalen= oder Bigaradoöl mengt, so
kann man durch diese Probe Zusätze bis zu 10 Percent
herausfinden. Uebrigens ist die Prüfung mit dem Geruchs=
sinn auch bei diesem Oele beinahe das zuverlässigste Mittel.

Orangenschalenöl.

Dieses Oel kommt häufig mit Apfelsinenöl verfälscht
vor; wir unterscheiden beide durch ihr verschiedenes Ver=
halten gegen Alkohol; echtes Orangenschalenöl löst sich erst
bei wiederholtem Schütteln vollständig in der zwölffachen
Menge Alkohol; Apfelsinenöl braucht hiezu nur 6 Theile;
findet also schon eine vollkommene Lösung des Oeles in
7 bis 9 Theilen Alkohol statt, so ist hierdurch die Fäl=
schung mit Apfelsinenöl erwiesen. — Mit Jod explodirt
Orangenschalenöl sehr heftig, Natriummetall äußert keine
Wirkung auf dasselbe.

Petersilienöl

ist in Alkohol sehr leicht löslich, jedoch nur in sehr starkem;
mischt man die Lösung mit ihrer doppelten Raummenge
Wasser, so wird sie milchartig und scheidet bei längerem
Stehen das Oel ziemlich vollständig aus.

Pfeffermünzöl.

Dieses kostbare Oel wird häufig mit anderen Münz-
ölen, aber auch mit rectificirtem Terpentinöl gefälscht; außerdem werden noch Sassafrasöl und Copaivaöl zur Fälschung
angewendet. Um die Fälschung im allgemeinen herauszufinden, bedarf man nicht vieler Arbeit; schwieriger ist es,
zu bestimmen, welches Oel zur Fälschung verwendet wurde.

Mit Jod giebt das Pfeffermünzöl keine Reaction, es
löst dasselbe zu einer rothbraunen Flüssigkeit auf, mit
Alkohol und Schwefelsäure giebt es eine sehr schwach opalisirende Mischung, mit Schwefelsäure allein zusammengebracht, zeigt es nur eine ganz schwache Erwärmung.

Enthält das Pfeffermünzöl Sassafrasöl als Verfälschung, so tritt eine deutliche Reaction mit Schwefelsäure
ein, wie sogleich auseinander gesetzt werden wird.

Die sicherste Art des Nachweises von Verfälschungen
ist folgende: Man versetzt das Oel genau mit dem gleichen
Volumen 90percentigen Alkohol und schüttelt das Gemisch
tüchtig durch; reines Pfeffermünzöl giebt eine ganz klare
Lösung; ist die Lösung trübe, so ist dies ein sicheres An-
zeichen für die Gegenwart eines der oben genannten Oele.

Um die Art des beigemischten Oeles zu ermitteln, behandelt man eine neue Probe des Oeles mit der fünffachen
Menge von Schwefelsäure und setzt nach eingetretener Abkühlung die zehnfache Menge von Alkohol zu. Hat man
reines Pfeffermünzöl vor sich, so färbt sich dasselbe mit
Schwefelsäure röthlich gelb, fast pomeranzenfarbig und geht
nach dem Alkoholzusatz die Farbe in himbeerroth über;
ist Sassafrasöl als Beimischung vorhanden, so entsteht aber
eine sattrothe Färbung, die beim Kochen der Flüssigkeit in
dunkelroth übergeht.

Ergiebt diese Prüfung kein Resultat und ist auch kein Terpentinöl vorhanden, das sich durch die Schwerlöslichkeit des Oeles in Alkohol zu erkennen geben würde, so ist das beigemengte Oel wahrscheinlich Copaivaöl. Man kocht eine frische Probe mit starker Salpetersäure; reines Pfeffermünzöl wird hierdurch braun, bleibt aber dünnflüssig; indeß ein solches, welches mit Copaivaöl verfälscht wurde, zähe und terpentinartig wird.

Rosenöl.

Das Rosenöl kommt so häufig verfälscht im Handel vor, daß von einigen behauptet wird, es komme überhaupt nur verfälschtes Oel in den Handel, indem das Rosenöl gleich an seinen Productions-Orten verfälscht werde. In der That zeigen die, auch in den physikalischen Eigenschaften oft sehr bedeutend von einander abweichenden Rosenöl-Gattungen so große Verschiedenheiten, daß man diesem Ausspruche wohl eine gewisse Berechtigung zugestehen muß. Die zur Verfälschung am häufigsten angewendeten Körper sind jedenfalls Walrath und Rosengeraniumöl.

Um nun die Verfälschungen sicher zu erkennen, ist es nothwendig, einen streng systematischen Gang der Untersuchung einzuhalten.

Walrath (Spermacet) wird auf folgende Art nachgewiesen: Man erhitzt eine kleine Menge des zu prüfenden Oeles in einem Glasröhrchen, in welches ein Thermometer eingesenkt ist: echtes Rosenöl muß schon bei 35 Graden ganz geschmolzen sein; ist Walrath zugegen, so findet vollständiges Flüssigwerden erst bei 50 Graden statt.

Noch auf einfachere Art läßt sich Walrath dadurch nachweisen, daß man etwas von dem dickflüssigen Oele zwischen zwei Stücke dünnes Briefpapier legt und diese durch einige Minuten zwischen den Händen hält; echtes Rosenöl verursacht dann auf dem Papiere fettähnliche Flecken, und saugt sich vollkommen in das Papier ein, was bei Walrath enthaltendem Oele nicht der Fall ist. Legt man das Papier auf ein erwärmtes Blech, so muß der durchscheinende Fleck bei echtem Rosenöle ganz verschwinden; bei solchem, welches Walrath enthält, verschwindet er nicht, da Walrath nicht flüchtig ist.

Diese Probe, selbst wenn sie für die Qualität des Rosenöles günstig ausfällt, beweist nicht viel für dessen Güte; einfach wird hierdurch der Beweis hergestellt, daß fettes Oel und Walrath fehlen. Eine Verfälschung mit Wachs ist wegen der specifischen Eigenschaften des Wachses eine solche, welche sehr leicht erkannt wird; allenfalls könnte noch Paraffin als Fälschungsmittel angewendet werden, welches jedoch auf ziemlich gleiche Weise erkannt wird, wie Walrath, aber noch etwas schwieriger schmilzt, als dieses.

Das Rosengeraniumöl, welches man gegenwärtig fast ausschließlich als Fälschungsmittel des Rosenöles anwendet, wird sogar einer besonderen Vorbereitung unterzogen, ehe man es dem Rosenöle beimengt; man setzt es nämlich vorher der Einwirkung des Lichtes und des atmosphärischen Sauer= stoffes aus, wodurch es zu verharzen beginnt, dickflüssig wird, aber auch gleichzeitig den scharfen Beigeruch verliert, welcher dem frischen Oele anhängt.

Gegen Schwefelsäure verhält sich Rosenöl auf die Weise, daß beim Schütteln mit der fünf= bis sechsfachen Säuremenge sowohl echtes als auch verfälschtes Oel sich stark erwärmt und eine dicke Flüssigkeit von gelber bis intensiv braunrother Färbung liefert. Der Geruch wird hierbei nicht geändert, eine Beimengung von Geraniumöl giebt sich dem geübten Geruchssinne durch das Hervortreten eines unangenehmen Geruches zu erkennen. Wenn man nach vollständiger Abkühlung des Gemisches Alkohol zusetzt, so treten, nachdem man die Flüssigkeit aufgekocht hat, folgende Erscheinungen ein: Echtes Rosenöl liefert eine zwar bräunlich gefärbte, aber vollkommen klare und klar bleibende Lösung; bei Gegenwart eines anderen Oeles, ganz besonders von Geraniumöl ist die Lösung trübe und bildet bald einen harzartigen Bodensatz, der beim Erhitzen schmilzt. Ist dieser harzartige Körper etwa in solcher Menge vorhanden, daß er ein Zwanzigstel des zur Probe verwendeten Oelquantums ausmacht, so dürfte das Rosenöl etwa mit einem Drittel des fremden Oeles gemischt sein, doch ist eine quantitative Bestimmung der Beimengung hier noch auf einer sehr unsicheren Basis beruhend.

Gegen Jod ist Rosenöl indifferent, Geraniumöl jedoch nicht vollständig; Dämpfen von Jod ausgesetzt, färbt es sich dunkel. Noch schärfer als gegen Jod reagirt hier Untersalpetersäure. Man führt diese Reaction auf folgende Art aus:

In ein Gläschen legt man eine Kupfermünze, stellt auf ein Drahtdreieck, welches auf dem Gläschen liegt, ein Uhrglas mit dem zu prüfenden Oele und stürzt über das ganze ein größeres Trinkglas. Ehe man dies thut, gießt man auf die Kupfermünze soviel starke Salpetersäure, daß das Kupferstück ganz von der Flüssigkeit bedeckt wird. Es entwickeln sich aus der Salpetersäure dicke schwere Dämpfe von Untersalpetersäure und von rothbrauner Farbe, welche von dem ätherischen Oele aufgenommen werden. Rosenöl wird hierdurch h o n i g g e l b, ebenso Rosenholzöl;

Geraniumöl aber schön hellgrün. Rosenholzöl läßt sich übrigens auch durch diese Reaction leicht von Rosenöl unter=scheiden, indem es in ganz kurzer Zeit, Rosenöl aber erst nach 10 bis 12 Minuten gelb wird. Uebrigens ist gegen=wärtig die Verfälschung des Rosenöles mit Rosenholzöl mehr der Geschichte als der Praxis angehörig, indem sich Gera=niumöl hierzu weit besser eignet, als das schwach riechende Rosenholzöl.

Rosmarinöl.

Fast ohne Wirkung auf Jod, mit Schwefelsäure und Alkohol trübe, mit Natrium wenig Gas entwickelnd ist dieses Oel dem Terpentinöl ziemlich nahe kommend und wird mit diesem häufig verfälscht; eine sichere Erkennung des Terpentinöles ist nur durch die Löslichkeits=Verhältnisse möglich, ganz reines Rosmarinöl löst sich in dem gleichen Volumen 90percentigen Weingeist, während solches, welches mit Terpentinöl gefälscht wurde, eine bei weitem größere Menge Weingeist zur vollständigen Lösung bedarf.

Salbeiöl.

Giebt mit Jod reichlich Dämpfe (jedoch ohne explo=sionsartige Erscheinung) und wird durch dieses Reagens in eine zähe harzähnliche Masse umgewandelt; mit Natrium entwickelt es Gas; Verfälschungen sind übrigens leicht dadurch erkennbar, daß dieses Oel eigentlich kein bestimmtes Lösungs=verhältniß für Alkohol besitzt, da es sich, gleich Wasser, in jeder beliebigen Menge mit diesem mischen läßt; entsteht daher auf Zusatz von Alkohol eine Trübung in dem Oele, so deutet dies auf die Gegenwart eines anderen ätherischen Oeles, und zwar meist auf Terpentinöl.

Sassafrasöl.

Dieses Oel zeigt sehr bestimmte Reactionen: Es bedarf fünf Volumen 90percentigen Alkohol zur vollständigen Lösung, entwickelt unter Gelbfärbung mit Jod nur wenig graue Dämpfe, wird durch Kalilauge bei stärkerem Erhitzen (bei 170 bis 180 Graden) in eine dunkelfarbige zähe Harz= masse verwandelt. Am charakteristischsten ist die Schwefel= säure=Alkoholprobe. Setzt man zu Sassafrasöl Schwefel= säure, so erwärmt sich das Gemenge zwar nur mäßig, färbt sich aber fast schwarz; setzt man Weingeist zu, so entsteht eine tiefrothe Flüssigkeit, die eine sehr große Beimengung von Alkohol verträgt, ohne die deutlich rothe Färbung zu verlieren. Sassafrasöl wird höchstens mit Terpentinöl ver= fälscht, was durch die energische Reaction, sowie durch De= stillation einer Probe leicht ermittelt werden kann; es dient aber selbst zur Fälschung von anderen Oelen, namentlich Pfeffermünzöl, kann aber auch in diesen leicht nachgewiesen werden.

Schafgarbenöl

hat die Eigenthümlichkeit sich in absolutem (das heißt gänz= lich wasserfreiem) Alkohol vollständig zu lösen; beim Ver= mischen mit wasserhaltigem Weingeist jedoch trübe Flocken zu bilden; mit Jod versetzt, verwandelt es sich in eine zähe Masse.

Senföl

giebt mit Schwefelsäure gemengt ein brennbares Gas (Sulf= Carbonsäure CSO). Das Senföl des Handels ist häufig sehr unrein und zwar enthält es einen sehr giftigen Körper Cyan=Allyl, welche Beimengung von der Art der Darstellung herrührt, daher als eine Verunreinigung, nicht aber als eine absichtliche Fälschung aufzufassen ist. Man prüft das Senföl auf die Gegenwart von Cyan=Allyl, indem man es in einem kleinen Destillirapparat, der in kochendem Wasser steht, erhitzt; das Ueberdestilliren einer Flüssigkeit würde die Gegenwart von Cyan=Allyl anzeigen; übrigens kann das Destillat auch Alkohol oder Schwefelkohlenstoff sein, welche dann absichtlich zugesetzt waren. Man fügt Wasser zu dem Destillat: mischt es sich mit diesem, so ist Alkohol vorhanden; mischt es sich nicht und erscheint es schwerer als Wasser, so deutet dies auf die Anwesenheit von Schwefelkohlenstoff. Ist weder Alkohol noch Schwefel= kohlenstoff nachzuweisen, so erhitzt man die aus dem Wasser= bad gehobene Retorte auf 116, bei welcher Temperatur das angenehm riechende (nicht scharf und brennend wie das Senföl) Cyan=Allyl destillirt.

Eine einfache Probe auf Alkohol ist auch die, daß man einen Tropfen des Oeles in Wasser fallen läßt, reines Senföl sinkt einfach unter; alkoholhaltiges wird milchweiß. Eine in neuerer Zeit nicht mehr selten vorkommende Fälschung mit Petroleum weist man auf die Weise nach, daß man zu Senföl, welches durch Eis abgekühlt ist, die zehnfache Menge von gleichfalls in Eis gekühlter Schwefelsäure setzt. Es erfolgt dann keine Entwickelung von Sulfcarbonsäure, vorhandenes Petroleum scheidet sich in Form öliger Tropfen aus und das Gemisch aus Senföl und Schwefelsäure er= starrt nach längerer Zeit zu einem dicken Krystallbrei, der fast weiß ist. Ist die Krystallmasse dunkelfärbig, so deutet dies auf das Vorhandensein anderer ätherischer Oele.

Mit Schwefelsäure und Weingeist behandelt, giebt Senföl eine klare Lösung, Jod ist ohne besondere Ein= wirkung.

Thieröl.

Mit Jod sehr schwach Dämpfe bildend und sich hierbei gelb färbend; mitunter ist das Jod auch ganz ohne Wirkung, mit Alkohol und Schwefelsäure entsteht eine ganz klare Lösung. An der Luft wird Thieröl in kurzer Zeit braun; auf Zusatz von Salpetersäure erfolgt fast momentan eine Dunkelfärbung.

Thymianöl.

Mit Alkohol und Schwefelsäure eine schwach opalisirende Flüssigkeit; mit Jod keine Reaction, sondern eine gelbliche Lösung; mit Alkohol allein eine klare Lösung in dem gleichen Volumen Alkohol, wodurch die am häufigsten vorkommende Verfälschung mit Terpentinöl nachgewiesen werden kann.

Wermuthöl.

Jod äußert auf dieses Oel keine Wirkung; Schwefelsäure bewirkt eine blaue Färbung, die aber nur vorübergehend ist und rasch in schwarz umschlägt, mit Salpersäure geht es binnen wenigen Minuten in dunkles Harz über. In starkem Weingeist löst sich das Oel sehr leicht, wird aber auf Zusatz von nur wenig Wasser wieder ausgeschieden, so daß die ganze Flüssigkeit milchartig wird.

Zimmtöle.

Diese Oele: echtes Zimmtöl, Cassiaöl, Zimmtblätter- und Zimmtblüthenöl sind schwierig von einander zu unterscheiden und mit voller Sicherheit nur durch genaue Dichten- und Siedepunkt-Bestimmungen Verfälschungen herauszufinden. Jod wirkt auf alle fast gar nicht ein. Echtes Zimmtöl

wird häufig mit dem billigeren Caſſiaöl gemengt, was durch
den Geſchmack herausgefunden werden kann: reines Zimmtöl
ſchmeckt ſtärker ſüß und iſt auch von intenſiverem Geruche
als das Caſſiaöl.

Das Caſſiaöl iſt aber doch ſo koſtſpielig, daß es im
Handel häufig mit anderen Oelen gefälſcht wird, und zwar
wird hierzu Nelkenöl am häufigſten benützt. Man erkennt
dieſe Fälſchung durch das Verhalten des Oeles gegen ver=
ſchiedene Reagentien. Nach den Verſuchen von Ule 2c. ſind
ſie folgende:

Caſſiaöl erhitzt, verbreitet einen angenehmen ſüßen
Geruch, durch eine Beimiſchung von Nelkenöl entwickelt es
einen ſcharfen zum Huſten reizenden Dampf; reines Caſſiaöl
iſt gegen Salpeterſäure faſt indifferent, mit Nelkenöl ver=
ſetzt, verwandelt es ſich in eine ſchäumende Maſſe; auf
Zuſatz von Kalilauge zu Caſſiaöl, welches mit Nelkenöl
vermengt iſt, bildet ſich eine feſte Maſſe. Am ſchärfſten läßt
ſich jedoch Nelkenöl in Caſſiaöl auf folgende Art nach=
weiſen: Man löſt das Oel in der geringſt möglichen Menge
von 90percentigem Alkohol und fügt Eiſenchlorid=Löſung
zu; reines Caſſiaöl wird hierdurch ſchön braun, indeß mit
Nelkenöl gefälſchtes eine unbeſtimmte zwiſchen blau, grün
und braun liegende Farbe giebt (reines friſches Nelkenöl
giebt mit Eiſenchlorid eine rein blaue, altes eine grüne
Färbung).

Schluß.

Im Vorſtehenden haben wir alle ätheriſchen Oele be=
ſchrieben, welche gegenwärtig überhaupt ſchon dargeſtellt
ſind und praktiſch verwendet werden. Schon der gegen=
wärtige Stand unſeres Wiſſens über dieſen Gegenſtand läßt

uns vermuthen, daß unsere diesbezüglichen Kenntnisse noch
sehr lückenhafte sind, und daß die Fortschritte der Technik
noch sehr viele Riechstoffe zu Tage fördern werden, die wir
bis zur Stunde entweder gar noch nicht, oder nur aus dem
Geruche gewisser Pflanzenstoffe kennen. Wir können daher
die Lehre von den ätherischen Oelen nicht als ein abge=
schlossenes Ganzes betrachten, sondern als einen Theil der
chemischen Wissenschaft, der noch einer großen Ausdehnung
und Entwickelung entgegen geht.

Inhalt.

Zweiter Theil.

206